U0118486

天下雜誌
觀念領先

人生的長尾效應

25, 35, 45 的生涯落點

The Long View

Career Strategies to Start Strong, Reach High, and Go Far

費思桐
Brian Fetherstonhaugh 著

金瑄桓 譯

目錄

Part Ⅲ　關卡上的抉擇

推薦序

超馬職涯全面啟動
多元、多樣、多精彩

——**莊淑芬**　WPP集團台灣區董事長
暨奧美集團大中華區副董事長

早期，我們廣徵人才時，面對剛剛踏入職場的新生們，總是耳提面命：「選擇一種工作，就是選擇一種生活形態。」儘管這句話，經過數十年的考驗，依然不失真，但是職涯的生態系統，在破壞創新的經濟、社會、環境和科技的衝擊下，早已山河變色面目全非。 占據一方的鋸齒前進，熱血沸騰的新創意志，淮橘為枳的角色變遷，快思慢想的自由工作，甚至人生長尾的退而不休，只要你想，也能做，凡人無法擋。

對於長年運動的我，如今的職場人生，更像當下流行的超級馬拉松，你可以隨心所欲，選擇長跑里程數，上山下海，神出鬼沒，只要在規定的競賽期間，跑到終點站。儘管沿途之中，綺麗風光盡收眼底，大多數時候，每個人都要懂得自處，享受孤獨的跑步歷程；當然，選手心花怒放時，也可以邊跑邊發揮社交，與其他跑者互動。準備超馬的必要配備，由簡而繁，可想而知，出道新手和精進老將有所不同。沿途之中，希望多是精神抖擻的一路前進，但也無法避免身陷困境的黯然掉淚，漫漫長路中，超馬跑者不能氣餒，而置身其中，恆心和毅力是不可或缺的推進動能。以上所言，在我看來，完全適用當今的職涯人生。

《人生的長尾效應》是一本坊間罕見的，針對職場人生，提出從長計議的實用書籍。作者正好是我認識多年，一位有頭腦的紳士——奧美互動的全球 CEO 費思桐先生，長年累月的高瞻遠矚，在腳踏實地的作業中，與各式各樣的人才接觸。透過深入觀察與深度訪問，讓我們看到西方世界「多元、多樣、多精彩」的職場案例。正巧，這本中文繁體版出版時，他正踏入書中所言的第三階段，目前擔任奧美全球首席人才長（Chief Talent Officer），身體力行，發揮活躍智慧。

無論身處人生何種階段，讀者們可以從中獲取靈感和啟示，我更希望，它能帶給你無盡的力量和勇氣。

各界推薦

這是我讀過最實用易懂的職涯指南。不論你是剛開始找工作，抑或是想要讓事業步回正軌，都可以從拜讀《人生的長尾效應》著手。

——湯姆．雷斯（Tom Rath）《紐約時報》（*New York Times*）暢銷書《尋找優勢 2.0》（*Strengths Finder 2.0*）作者

《人生的長尾效應》就是你一直以來在尋找的職涯指南，一本由經驗豐富的企業領導人所提供的前瞻建議。費思桐在書中提供了實用練習、有效建議以及讓我們可以了解並感受極具意義事業的深入觀點。

——蘇珊．坎恩（Susan Cain） 暢銷書《安靜，就是力量：內向者如何發揮積極的力量！》（*Quiet: The Power of Introverts in a World That Can't Stop Talking*）作者

《人生的長尾效應》針對我們的事業將如何發展，提出幾項重要的問題，並給予了許多新鮮的答案。這位全球首席人才長提供了一些珍貴的課題與實際的每日練習，幫助我們充

分利用職業生涯中的每個階段。

——亞當・格蘭特（Adam Grant） 華頓商學院教授及《紐約時報》暢銷作家，暢銷書《給予：華頓商學院最啟發人心的一堂課》（*Give And Take*）作者

我們都在為未來的世界做準備。這本書提供一個最清楚明瞭、同時也是見解最深刻的藍圖，讓我們發展事業與人生。

——彼得・席姆斯（Peter Sims） Parliament 公司創辦人兼執行長，《花小錢賭贏大生意》（*Little Bets: How Breakthrough Ideas Emerge From Small Discoveries*）作者

在現下這個近利主義充斥的時代，本書的內容給人耳目一新之感。如果你在乎你的事業，無論你是剛起步的初生之犢、還是老練的箇中老手，都需要好好讀這本書。書中蘊含實際的建議與清楚的說明。作者費思桐回答了多數職場人士所面臨的最大問題。

——唐・泰普史考特（Don Tapscott） 暢銷書《維基經濟學》

（*Wikinomics*）及《區塊鏈革命：比特幣技術如何改變貨幣、商業與全世界》（*Blockchain Revolution: How the Technology Behind Bitcoin is Changing Money, Business, and the World*）作者

《人生的長尾效應》是一本傑作，為現今已與五年前大相逕庭的職場，提供絕佳的建議。

——卡爾・穆爾（Dr. Karl Moore） 麥基爾大學教授、暢銷書作家及《富比士雜誌》《*Forbes*》及《環球郵報》（*The Globe and Mail*）專欄作家

無論你已經考慮要退休，抑或事業才要開始，《人生的長尾效應》都是一本必讀之書。這是第一本提供你一套連貫計劃的書，讓你能充分利用職業生涯中的每個階段。

——克里斯・葉（Dr. Chris Yeh）《紐約時報》暢銷書《聯盟世代：緊密相連世界的新工作模式》《*The Alliance: Managing Talent In The Networked Age*》合著作者

前言

不同世代，共同的嶄新挑戰

珍妮佛、馬克和艾蜜莉今天都要上班，儘管他們有許多不同之處，但仍有一個共通點：他們都為自己的工作感到擔憂。

今天是珍妮佛上班的第一天，對二十二歲的她來說，是既期待又怕受傷害，「我感到興奮，同時也心驚膽戰。」她說。「在學校念了十五年的書，如今終於正式踏入社會了。我的父母無法提供任何建議，因為他們對於現在的就業市場毫無頭緒。我能夠適應職場嗎？能找到理想中的工作嗎？我是否要四處跳槽，等待時機、才能拔得頭籌？」

四十二歲的馬克自認已經達到事業顛峰，「我已經盡力學到了一些能力，接下來還能做些什麼？在不花更多時間在工作上、不影響家庭生活的前提之下，我還能有更遠大的事業嗎？」

同時，艾蜜莉也提出了一些目前面臨的難題。隨著五十五歲的生日在即，她正盤算著從公司退休。「我已經辛苦工作超過三十年，許多與我同期進公司的人都已經離職。即使我沒有足夠的錢來應付完全沒有收入的生活，也不可能繼續留在業界。如果我現在退休，生活會變得怎樣？我太容易喜新厭舊，橋牌和高爾夫根本不足以解悶。」

職涯革命時代來臨

根據未來公司（The Futures Company）2015 年的全球監測調查，針對 23 個國家、超過 15000 名受訪者的調查顯示，不僅是珍妮佛、馬克和艾蜜莉，各地的勞動人口都感受到這股無形的壓力。受訪者中，有 58% 的人對於不得不擁有一份「好」的工作備感壓力，而其中二十一至三十五歲的受訪者則提高至 64%。所有受訪者中，有 53% 的人對於學習新技能、自我提升感到有壓力，而對於千禧世代（約為二十一歲至三十五歲的人）來說，他們人生目標的清單上，「成為成功的企業家」僅僅在「擁有一段長久而成功的婚姻」之後❶。

事業成功的定義變化倏忽不定，許多人努力嘗試去適應新的挑戰。千禧世代正目睹著工作保障逝去，他們被教育要打造「自我品牌」，卻缺乏長遠成功的基礎；中年的事業人士在面臨工作、產業，甚至是整個事業瓦解時，顯得格外脆弱；至於即將退休的人則發現，自己愈發健康卻也愈發窮困。還有什麼問題等著我們呢？我們的一生中，花在工作的時間比花在睡眠上還多。大部分的人，陪伴工作的時間比陪伴另一半還多，有的人很輕易地就奉獻十萬個小時給工作，即使當我們沒有在工作時仍會心繫於它。事實上這樣於事無補，何不專注了解世界巨變，衍生出新的方法、能力和決策，來幫助每個不同階段的每個人。讀完這本書，將給你付諸行動的力量，且能在這嶄新的局勢中日益茁壯。

職涯革命時代即將來臨，包含勞資互信關係瓦解、退休年齡延後、退休生活的漫長，以及新興職業崛起。其中新興職業的崛起，包括從未見過的工作名稱與從未聽聞過的產業。朝九晚五的工作，已經被一連串兼職、承包、工作分攤制度、遠距工作與創業等模式所取代。有事業心的人都在找尋工作與個人生活之間的平衡。不論是外來者或在地，年輕人抑或年長者，甚至是逐漸興起的人工智慧，都成為了我們的競爭對手。

你準備好要面對職涯革命了嗎？大部分人的答案都是還沒。我們對於工作的認知似乎有些矛盾。根據未來公司的研究，在美國有超過 70% 的人認同「工作的選擇取決於我是否樂在其中，而非能賺多少錢」這樣的論調。但在同一個研究中卻也顯示，在職人士坦言，賺多少錢才是工作選擇的決定性因素（86% 的人表示贊同），工作福利的好壞則緊追在後（82% 的人表示贊同）[2]。我們擁有追求自己理想工作的熱忱，但因為全球經濟不穩定，導致事與願違。我們心中有夢，卻裹足不前，我們所認知的世界正以迅雷不及掩耳的速度在改變。

我們需要用新方法找工作，來打造可長可久的生涯。我們需要新思維和新技能，不只是紙上談兵，而是更周全的實戰策略，讓我們有能力在新的職場上成功存活下來。該做的並非捨棄我們已經知道的，而是選擇其中相關的點滴，賦予它新的意義，並在以往累積的智慧中融入新潮流。

我指導職涯發展二十餘年，開始的契機是一場加拿大奧美廣告公司的內部訓練演說。當時我擔任總裁一職，是以比較詼諧輕鬆的方式進行演說，我希望能讓呆板無趣的公司訓練換換口味，員工熱情的回應令我十分驚喜。約略十年前，我開始在各大頂尖商學院演講，像是耶魯大學、哥倫比亞大學、紐約大學、麥基爾大學以及麻省理工史隆管理學院，我總是會花一半的演講時間說明我的專業：「全球行銷」，剩下的另一半時間，則用來分享我對於職涯管理的想法。然而，在職涯管理建議上，每次都得到最熱烈的回響。過去十年中，我在員工超過 5,000 人的全球奧美互動行銷公司擔任執行長，這家公司負責奧美廣告公司的數位行銷，也是全球廣告公司的龍頭，工作內容的繁複程度令人難以想像，滿滿的行程表中包含了每年 120 天的出差。我發現自己除了工作時間，行事曆漸漸被非正式的工作職業諮詢占滿，例如每周我都與一些極聰明且有能力的人共進早餐、午餐、晚餐和咖啡，他們都來向我尋求生涯建議。我與愈多人交談，愈意識到我給他們建議其實大同小異，即使情況不同，但所有難題的癥結點是相同的。

2014 年初在一名同事的建議下，我終於寫下醞釀已久對於職涯管理的想法。我有許多書寫題材都是這二十幾年來，從數千名專業人士的職涯規劃觀察中蒐羅而來。從《財富》（*Fortune*）雜誌排名前全球五百強的執行長，到初出茅廬的千禧世代，都是我的觀察對象。在幾趟往返亞洲和歐洲的旅程後，我終於為《快速企業》（*Fast Company*）寫下我的第一篇文章：〈推進事業的動能〉（*Career Rocket Fuel*），隨後在 LinkedIn、SlideShare 和推特（Twitter）上都陸續刊登，令我驚訝的是，竟然有超過 5 萬人次的點閱。

歷經二十年，我終於明白，大家對於實用的生涯建議有股深切的渴望，而且這股渴望還在持續增長。大學、研究所和企業會教導我們世界頂尖的科技與商業技術，但就算是再怎麼才華洋溢的人，也仍然對生涯規劃感到困惑沮喪，因為他們不知道如何將這些建議、見解、最好的經驗，統整成完整的生涯計劃。我對此並不訝異，現今的職場狀況跟十年前相比相差甚遠。雖然有些大原則可供遵循，但現今職場上的人們面臨著前所未見的挑戰；許多過去通用的求職經驗與職場策略，如今都不敷使用。

長尾職涯三大階段

本書共分成三個主要部分，第一部提供正確的職業思維、架構以及做法，讓你認識事業中「動力」（fuel）的重要。你會學到如何思考長遠的生涯安排、如何投資時間、如何擴展人際網絡，以及一套面對艱難生涯選擇的架構。你在書中所讀到的策略，都是我在規劃課程中發展出來的。我平常會反覆參考和定期實做，並且經常分享給好友及同事，他們熱烈的反應促使我更有動力發展甚至精通這些練習，希望它們能夠對你有些助益。

第二部會針對生涯的三個階段，提供案例和實際的建議。我們從不同生涯階段及不同產業的工作經驗中學習，有些是成功的例子，有些則是發人省思的故事。你將會聽到許多有趣的故事，像是二十八歲的麥基爾大學知名企業管理碩士穆罕默德・阿舒爾（Mohammed Ashour），將他生涯的第一個階段投入在繁殖昆蟲做為食物的事業上；瑞秋・摩爾（Rachel S. Moore），從年輕的芭蕾舞者一路成為藝術與音樂界的頂尖執行長；提姆・彭納（Tim Penner）擔任加拿大寶鹼公司（Procter & Gamble）的前總裁，直到五十五歲時才發現自己對非營利工作的熱愛，並且決心投入。

第三部主要著重於討論現實生活的問題，包括生涯規劃與為人父母角色的平衡、跨國工作的調適，以及事業上的挫折等題材。一個人的事業不會總是擁有天時地利人和，該如何處理人生中無法避免的狀況？

本書將重點放在最根本的問題：「職涯真的攸關成功和幸福嗎？」對我而言，它不僅是找到喜歡的工作，同時也是建構出嚮往的人生。工作的幸福感和成就感在這數年來都是定義不明的專有名詞。直至今日，湯姆·銳斯（Tom Rath）、丹·品克（Dan Pink）以及亞當·格蘭特（Adam Grant）等頂尖作家一致認同，工作的幸福感可以說是提高產能、維持健康、帶來好處的同義詞。大部分的就業書籍只專注於「工作」一個面向，但實際上，工作與生活間的界限已經愈來愈模糊不清了。

我們需要一套涵蓋人生各個部分的工作哲學，帶領我們尋找抱負與成功的方向，同時不需要犧牲我們所重視的家人、朋友、健康與目標。本書旨在建立長期的規劃，我們都知道，能帶給我們快樂的事物，會因為是二十幾歲或三十幾歲而有所不同，也會隨著事業軌跡的漸進而形成新樣貌。我們需要一套應對方針，能夠隨我們一同改變、成長。人生的重要時刻往往會改變我們的觀點及目標，而這方針也會將之列入其中。

我衷心希望本書盡可能激勵你走向最強健、最顛峰、最長久，同時也是最快樂的事業。我很榮幸能與世界頂尖的公司共事，包括 IBM、美國運通（American Express）、寶鹼、宜家家居（IKEA）、雀巢公司（Nestle）、聯合利華（Unilever）、Facebook、Google、雅虎（Yahoo!）、貝萊德金融集團（BlackRock Financial

Group），以及可口可樂（CocaCola）。身為一名執行長，在過去三十年中我曾經聘用、解雇、指導過數以千計的員工。當我在為這本書出版做準備的時候，我尋訪過世界上最成功的企業家、學者、藝術家、運動員以及社區志工。本書也試圖帶領學校與公司，跳出既有的框架，激發出不一樣的對話。

今天如果我事業剛起步，我也會採用本書中提供的建議。我會將這些建議提供給正在追求事業顛峰的創業家，及慎重思考事業下一階段的自己。同時，這些建議也是我教導兩個千禧世代女兒的忠告，因為她們即將邁入一段漫長不安卻又令人期待的生涯旅程。

PART I

長尾思維與能力

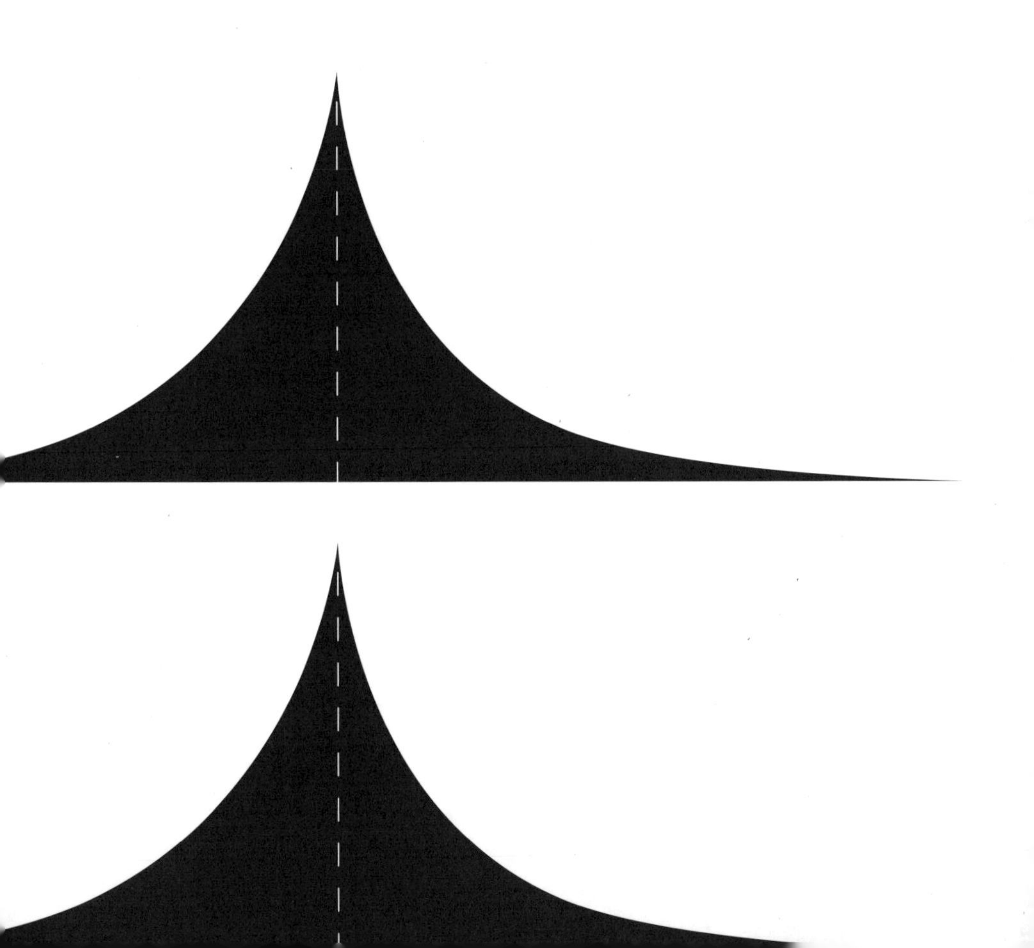

1

生涯，40年的馬拉松

在我超過三十五年的跨國經商經驗中，見過數以萬計的生涯規劃，從《財富》雜誌排名全球前五百強的執行長，到踏入事業顛峰的中產階級專業人士，甚至是二十出頭初出茅廬的小夥子都在其中。

我發現，無論在哪個年齡層，大部分人都用錯誤的方法經營職涯。他們視之為「工作」，而非「職涯」，只專注於找個工作而非長遠的規劃。大多數人規劃職涯的態度像是短跑比賽，但實際上他們面對的是長達超過四十五年的馬拉松競賽。當大家到了四、五十歲，還會在乎有沒有在星期二受到提拔嗎？，還是在關鍵時刻做好選擇比較重要？許多人對自己的前途憂心忡忡，四處找建議，但從沒找到答案過。職涯的概念不斷更迭，過去可行的方法如今都不再能適用。因此，許多人漫無目的地換工作，或為毫無前途的工作躊躇不前，身陷現實的泥淖。因此，他們需要一個計劃，你也需要。

職涯計劃的五項須知

1. 職涯其實出人意料的長久

職涯比大家想像中得更久，可以長達四十五年甚至更久，在未來還可能延續得更長。對大多數人來說，四十歲之後花在職涯上的時間，會比四十歲之前來的多。職涯可分為三個階段，每個階段大約十五年，三個階段彼此息息相關，你在其中一個階段所做的事，會為之後的階段帶來機會或影響。你將在第二章中，更了解職涯的各個階段。

職涯第一階段要踏出穩健的第一步，厚植實力，在事業上努力探索，為漫長的職涯做準備，學習曲線遠比職稱來得重要。打下事業基礎的同時，也應及早培養好習慣。在第八章中，我們將深入了解職涯的第一階段，從中學習如何踏入職場並取得先機。

職涯第二階段是創下事業高峰的重要時刻，大展身手，這個階段的主要目標，就是要找出你的最佳落點，也就是你擅長、熱愛以及備受肯定的能力三者的交會點。現在正是你脫穎而出的時機，勇敢選擇能大放異采的事業，成為不二人選。試著專注你的強項，不要顧慮弱點，更多關於職涯第二階段的策略與案例，請詳見第九章。

職涯第三階段則應致力於發揮深遠的影響力，並且投資傳承，找到可持續經營事業的途徑，可能的話最好足以延續到你六十幾歲甚至七十幾歲。在職涯第三階段中，你有三個重要的任務必須執行：將事業交棒給下一代、與時並進，以及為自己燃起新的工作熱忱。

2.「動力」關乎你所寄託的信念

你需要豐沛的動力來鼓舞你，走過漫長的職涯。動力來源主要有三種形式：共通能力、有重大意義的經驗，以及穩固而長久的關係。若是缺乏動力，你極有可能在國際職場變動莫測的時候，變得脆弱且不堪一擊。動力是職涯中的關鍵，你需要在職涯第一階段蓄積動力、等待時機；職涯第二階段善用動力、取得優勢；進而在職涯第三階段重振旗鼓、維持動力。在第三章中將呈現更多元的動力面向。

3. 職涯需要有智慧的時間投資

你需要耐心與毅力來保持可持續的動力水準。在職場上出類拔萃、游刃有餘，並非只是靠天份，而是數千小時的學習、經驗，以及練習所累積而成。如何妥善分配工作與生活的時間，影響成功與幸福甚遠。

4. 職涯的發展並非是單一的、可預測的

你一定要保持不斷探索與學習的態度，機會出現時，你的人生目標也會隨之改變。當你面臨新的職涯方向或就業機會，請保持冷靜，從策略性的角度思考，準備接受改變，因為這是必然的。隨時調整自己的策略，成功的事業往往是用心計劃與好運相互作用而成。所以，計劃不可或缺，因為這樣你才夠資格配得上好運。

5. 相較於工作，職涯的意義更加重大

這也就是為什麼你需要一個全面性的職涯計劃架構，在事業中融入親子關係、出國旅行、未來展望，以及幸福人生等重要目標，你必須妥善安排職涯。地球上

有超過七十億人口，但唯一會與你共度整段職涯的，只有你自己。

將職涯計劃搬進生活中

1. **運用職涯的精算練習**，做好長期抗戰的心理準備，詳見第四章中的幾個問題，簡單卻值得深思，讓你能夠一覽長遠職涯規劃的全貌。
2. **完成屬於自己的職涯經歷清單**，統整出與自身最相關的專業技術、經驗，以及人脈。這樣可以得知目前你所在的職涯階段，並且組織職涯生態系統，包含所有攸關你事業成敗的聯絡人、專家社群、關鍵同僚，以及支持者。建立事業目標之後，根據關鍵的四個問題，來完成每年的進度報告，從明年開始，什麼才是你最熱切追求的事？是學習、影響力、樂趣、還是報酬？請詳見第五章。
3. **完成一百小時的測驗以及一份個人時間規劃**來檢視你如何運用時間。你是否投入足夠的時間，致力於讓你成功和開心的事？請詳見第六章。
4. 當你試圖重新規劃事業或在眾多選擇中做出決定時，

啟用職涯路徑導航。請詳見第七章。

5. 用最終章所探討的五個長遠問題，定期反覆地問自己，以**驗證你的事業是否符合時代潮流**。
   - 我該如何避免被機器取代？
   - 我能以什麼樣的方式、在什麼樣的地方找到工作？
   - 我要如何運用自己的時間？
   - 我會入不敷出嗎？
   - 我的工作能帶給我快樂嗎？

造訪 thelongviewcareer.com，下載並印出上述練習，網站內還有其他大有幫助的內容與參考資料。

如果你遵循了這五項原則並且完成練習，你會比職場上大多數的人準備得更加充分。規劃讓你掌控自己的未來，同時也代表著顧慮少，積極度高，為未來打下更穩固的基礎，讓你能為事業與人生幸福傾注全力。

2

職涯三大階段

職業生涯中包含三大階段，每個階段約為十五年，各有不同的優勢策略。

- 第一階段：鼓足衝勁，踏出穩健的第一步，厚植實力
- 第二階段：專注於自身優勢與熱情，登峰造極，大展身手
- 第三階段：以初生之犢的態度面對新挑戰，投資傳承

就各個層面而言，規劃職涯就像是打造品牌，你需要的不僅是優質的產品，其中也必須包含能同時被不斷塑造、翻新的信念與主張，以致能與時俱進。如同打造品牌一般，規劃職涯的原則也會不斷改變。如今，事業經營比以往更強調互動性與參與性，更需要兼具足以被

檢驗的穩定品質以及應變緊急情況的能力。在凡事講求公開透明化的世界裡，拙劣的品質與無良的製造過程，都將無所遁形。

第一階段：厚植實力

職涯的前十五年，要為接下來的兩個階段奠定良好的基礎。在第一階段不只要保持耐心，更要採取行動為未來鋪路。此刻是加入戰局的最佳時機，去發掘你所擅長且熱衷的事，趁早建立良好的工作習慣。最重要的是，現在是你蓄積動力的時候。多數人沒有及早培養技能、累積經驗，以及建立人脈，導致在事業開始得到樂趣和豐收之前，便失去了動力。同時，試著檢視自身劣勢。如果你對於公開演說有障礙，就參加即興表演課程；如果你拿捏不好與團隊成員溝通的分寸，就接受個人領導能力訓練。「學習」遠比「成功」來得重要，只要你能夠汲取這些經驗，並且應用在未來成功的道路上，有時候失敗並無大礙。

第二階段：大展身手

來到第二階段，試著找出你擅長、熱愛以及備受肯定的能力三者的交會點。在第二階段，你大約會在入行十五年後明確知道自己最佳落點、訂立長遠的目標、專注在自身優勢上、努力脫穎而出，並且時常督促自己精進核心能力。這時你的弱項已經很難彌補，所以專注於自己的優勢會是比較好的選擇。和能力互補的人共事，讓他們來做你無法勝任的事情。沒有任何卓越的領導者會獨攬全局，如果你善於統合策略和洞察局勢，你可能需要有營運行銷高手在身邊；如果你善於處理行政業務，你的團隊便需要更有創造力及遠見的人；如果你是溝通專家人，努力成為公司的最佳發言人；如果你是協商專家，就去協調公司面臨的困境，展現高超統合技巧；如果你是高效率行動派，應該為自己感到驕傲。勇於面對自己的不足，將不擅長的工作指派給他人，把大部分的時間用在展現你的強項上。為共同珍視的信念發聲，宣示你的立場，你就是事業的品牌，不論對方是敵是友，共同待價而沽，老闆開出職缺或升遷的條件時，是為了解決問題，你要讓他們知道，你是不二人選。

第三階段：投資傳承

依照慣例，職涯的後期往往會以急流勇退，甚至遭一點，以失意落魄做為句點。但就我看來，職涯的第三個階段反而更令人滿足也耐人尋味，但有正確的想法、期待以及準備，是不可或缺的要素。第三階段的首要目標，就是「薪火相傳」，結束無限循環的員工接班規劃，從領導的角色轉變成顧問或是貢獻者，就像從學生變成老師、諮詢者成為顧問、領導者成為重要貢獻者之間的身分轉變。

傳承：我該如何訓練公司裡的新生代員工，讓他們事先做好準備？其中可能涉及簡單但必須周全的交接事項，到正式的責任或職位交接。

顧問服務公司和付費諮詢委員會：工作諮詢與就業輔導會是事業第三階段的好幫手，但你可能需要在第二階段就事先安排好這樣的機會。當戰後嬰兒潮那一代為傳統勞力市場創下新的高點時，讓這樣的機會變得炙手可熱，也意味著沒有人有義務提供你付費諮詢或顧問的工作，你必須靠自己得到機會。

創業精神：小型創業不再是年輕人的專利，對許多職涯後期的人來說，創業變成振奮人心的可行選項之一。隨著電子商務出現，創業的門檻比過去低許多。

教學回饋：對我來說，教學在我職涯的第三階段中是最具回饋性的。從多方面思索你所熟知的事物與教學對象。你可以像大學教授一般有崇高的目標，也可以像當地的家教一樣腳踏實地。成人學校提供了商業、藝術、語言、生活技能、興趣以及工藝等數百種課程，什麼樣的學問是你必須傳承下去的呢？

企業氛圍：最近許多退休人員總說希望能成為企業董事會的一員，但當他們知道這些職位的要求有多嚴格、競爭有多激烈時都嚇了一跳。坦白說，我不歡迎無所事事、對人頤指氣使的人加入董事會。相反地，那些願意為公司付出心力與熱情的人，我是歡迎都來不及。你必須要有工作成效、願意親力親為、貢獻心力，否則就得不到這些位置。

想在職涯第三階段中保持工作效率，一定要以初生之犢的態度去面對挑戰，時時精進自己。過去會被重視的事物，僅僅是因為它們在某種程度上反映了當時的狀況與挑戰。如果你不時時增廣見聞、與時並進，別指望有人會願意聽你說話，更別說雇用你了。與時並進在第三階段中占有相當的重要性。

3

持續推進的動力

你的領導力是由學習意願驅使。

——伊絲拉摩爾・艾弗（Israelmore Ayivor）

身兼執行長與職涯顧問，我時常看到大家因為低估了這個歷程有多漫長而耗盡動力。多數人專注於職涯中虛華的外在價值，如職稱、升遷、高薪、獎項，以及辦公室的大小。這些能做為里程碑，但卻不能是終點。假如有一件事是在你讀完這本書後該牢記的，那便是真正成功的長遠事業，需要持續推進的動力。最高超的策略，是蓄積動力不斷創新，並且將其妥善運用得透徹。

職涯的動力有三種基本樣貌，都是長久制勝的必要元素。

- 共通能力
- 極具意義的經驗
- 穩固而長久的關係

動力 1：共通能力

「共通能力」是指在職涯過程中學到、並受用一生的基礎能力。它們不只是能幫助到你現職的專業技術，而是不論你從事什麼工作、任職哪家公司，甚至跨足任何產業，都能持續累積的能力。以下都是共通能力的例子，個個都具影響力。

解決問題的能力

就某種程度上來說，工作存在的意義是為了解決問題。你能否評估問題並想出解套方式？當面臨挑戰，你有解決方案嗎？很幸運地，我在事業初期就進入寶鹼公司，讓我在「應變」以及「原則」兩方面，打下穩固的基礎，讓我受益無窮。加上在奧美廣告的職業訓練及客戶互動經驗，使我學到更多。

我在業務中採用了一個方法，無論我與執行長、還是新進員工交談，都是以「客戶是如何購買這項產品或服務？」這個問題做為開頭。我曾經聽過有人提出「Google 和蘋果（Apple）是如何處理這樣的問題？」做為引導計劃的方法。然而，受過訓練的科學家或會計師都會有自己偏好的處事方法，人人都會有自己熟悉的模式。在面試時，我會向受試者提出至少一題不好回答的開放性題目，我不在乎他們是否能提出合理的答案，我更想看到他們如何切入問題核心。值得慶幸的是，有許多參考模式與策略能提升自己解決問題的能力。時時更新你的口袋方案，鼓起勇氣結合不同的方法，創造出獨一無二的因應之道。什麼是你的看家本領？你在哪裡學到成為解決問題的能手呢？

具說服力的溝通方式

不論最終在哪個產業服務，說服力是一生中關鍵的能力。發明家和創新者要販售創意；醫生要讓病患信任診斷結果；商業人士要兜售產品與服務；社工和社運人士要贏得支持來達到訴求；音樂家和藝術家要獲得他人的青睞，贏得工作機會和累積粉絲。不論對客戶、同事、朋友，甚至陌生人，能夠清楚表詞達意是必備的技能。有些人覺得「說服」是膚淺又不討喜的行為，為什麼不換個角度想，說服的風格千百種，從八面玲瓏的親近型到沉著可靠的顧問型都有。蘇珊・坎恩（Susan Cain）在《安靜，就是力量：內向者如何發揮積極的力量！》（*Quiet: The Power of Introverts in a World That Can't Stop Talking*）一書中，闡明了內向者隱藏的力量。不論你是外向的人還是內向的人，找出自己的風格，用「你的」方式說服別人。就我的經驗來看，說服力差的人在事業中往往會受挫或是被低估。

現今的職場，說服力要能在各種管道發揮效果。透過寫作，你能自我表達多少？你能否寫下幾個好論點，清楚闡述你的看法是犀利的，使人信服？當你嘗試透過電子郵件來說服他人時，有幾次能收到「我了解了，感謝。」這樣的回應？還是你收到的回覆總是引起論戰？你可以一對一、面對面說服別人嗎？你能夠在一群人前侃侃而談，並讓大家有實際參與的意願？現在有一種說服方式非常驚人，就是透過線上影片。你能否針對你所熱愛的主題剪輯兩分鐘的影片，在不賣弄性感的前提下，得到超過 1,000 人次的點閱量？你應該在接下來的半年內試試，挑選一個主題、拍攝一支低成本的影片並上傳分享，然後看看會發生什麼事。多做嘗試，沒有什麼比真實觀眾收看、按讚、分享的磨練還更有效。

在檢視自己說話技巧的過程中，你會發現言簡意賅才是王道。特別是剛入行的人都以為，專業術語、艱澀難懂的語句、偶爾用一下縮寫會讓他們顯得技高一籌。

但事實證明，這完全會是反效果。專業術語和艱澀難懂的語句沒辦法贏得聽眾的信任，反而會造成反感。試著讓聽眾容易理解，引人入勝的文字和圖片也會比較有幫助。有時候，當我要解決複雜問題，我會做一個我稱為「寫給媽媽的信」的練習。簡單來說，我會試著先打一份草稿，將面臨的問題及因應行動都寫在信中讓我媽了解。因為我媽媽從未接觸我所在的行業，所以這樣的練習迫使我用極簡單的文字敘述，同時清楚呈現每一項重點。下次當你遇到棘手的問題時，試試「寫給媽媽的信」這個方法。

說服他人不只是大放厥詞，這樣的做法可能會奏效個一、兩次，但並非長久之計。有說服力的表達，必須具有足以令人信服的真相。我擔心的是，在這個資訊氾濫的世界，有太多主觀想法和真假參半的訊息混雜不清，而真正可靠的消息來源卻寥寥無幾。每當我跟公司裡年紀較輕的專業人士一起工作，我總會鼓勵他們要將所有的主要論點佐以注腳和資料出處。這雖然是老派的方法，但時至今日仍然非常有用。當你努力找出可靠的資料來源證明，可以表示你有下過苦功，而且觀點都是有憑有據。

幾年前，我完成了一份以「銷售大未來」為題的研究報告。研究發現僅有部分幸運兒是「天生的銷售員」，但對絕大部分的人而言，銷售技巧需要經過磨練與啟發。在寶鹼時，我非常擅長在短短兩頁的報告中，完整表達觀點，因為這是寶鹼首選的溝通方式。但當我離開寶鹼進入新公司時，我發現我公開演說的技巧慘不忍睹。每當我在四人以上的團體演說時，總會全身癱軟。這個問題如果沒有妥善解決，我在工作上表現會一無是處。因此我參加了公司培訓，並安排個人練習時間。我試著至少每周參加一次公開演講活動，即使只是在小小的工作團隊前，宣布某人的生日。最後，無論在群眾面前或是在不同的討論場合，我都感到如魚得水。時至今日，你想叫我不講話都不行。每次上台前，就算我已經不斷練習、排演，仍會緊張不安。所以我都會安排，台上二十分鐘要用至少五個小時的準備時間。如果你不確定能否順利透過面對面、書面報告、舞台表演和攝影畫面來說服他人，將其視為事業上的基礎挑戰，開始投入時間練習吧！

在溝通的藝術中，還有一件事情與說話者本身的特質毫無關聯、卻時常被忽略。找出溝通的盲點並調整溝通的方式，才是我們最需要培養的能力。以下是在溝通中容易發生誤會的情形：

- 「一致性」是兩個人用不同的話語，來表達同一件事情。你是否曾遇過一個情形，當你論述完你的觀點後，他人隨即用另一套說詞來辯駁，然而雙方的觀點其實是完全相同的，這就是一致性的盲點。
- 「衝突性」發生於兩個人使用相同的字詞，卻意指不同的事情。每當提及「效率」或「品質」這樣抽象的概念時，衝突往往就會產生。甚至是「準時」都會依照不同的文化背景而有不同的意義。準時抵達會議這樣的字眼，在中東和在德國就可能會產生極大的落差。
- 「對比性」發生於兩件事完全沒有交集時，就像兩個同事無法達成共識時一樣。

你可以成為一個極具說服力又瀟灑自若的公開演說講者，但若你無法適時分析情況並快速調整策略，就可能寸步難行。

完成任務

執行和完成工作的能力看似基本，但在長遠的職涯中卻有很大的價值。就某種程度來說，每個人都可以執行任務，但唯有不論情況好壞都堅持走下去的人，才能真正出類拔萃。你是否能在執行計畫時，好好起頭也好好結尾？你可曾下定決心堅持到最後，無論面對多少障礙與困境，都要達到最終目標？同事願意信任你，將備受矚目的計劃交給你嗎？還是這些計劃都被分配到別人手上了？如果你能夠成功完成這樣的計劃，已經是十分亮眼的表現；如果你能屢屢達成目標，那它會成為一生受用的強大能力。看準整個團隊中，誰的辦事能力呼聲最高，緊跟著他學習。做中學、學中做、反覆練習。

成為「人才吸鐵」

大家常說，擁有一流人才的公司才能百戰百勝，我十分贊同。相同地，有能力延攬、動員頂尖人才的領導者，才能百戰百勝。當你周圍人才濟濟，不僅可讓事業無可限量，更擴大了你的影響力，這是讓你再創高峰的要素。「人才吸鐵」不僅要有高水準的個人表現，同時培育了下一代的潛力股，並吸引到更多後起之秀加入工作團隊。

成為「人才吸鐵」要具備的正確思考模式是，說到底，沒有「需要」為你工作的人，只有「願意」為你工作的人，我稱之為「eBay 要素」。假設「你」被放上 eBay 拍賣，接著許多員工進而出價，是因為覺得跟著你，可以樂在工作中，誰會來競標？是那些想混口飯吃的三流角色，還是異軍突起的超級新星？又或許根本沒人願意出價？你提供富有挑戰性又充滿樂趣的工作嗎？你是否會傳授實用技能給員工，驅使他們進步？你是否公平、公正、公開對待每一個人？

在事業起步時，大部分的人並沒有太多部屬，甚至有的職業像是醫生或是獨資經營者，可能永遠都不會有太多員工。但是我們每個人都能藉由「關鍵時刻」來培養共通能力。「關鍵時刻」也就是你面對雇用、解聘、升遷、調職、加薪等機會的時候，此時的表現將評斷你是否具有「人才吸鐵」的能力。如果你資歷尚淺，可以運用與上司的互動經驗，在往後的日子加以仿效，來判定什麼是你所重視的，什麼是應該避免的。

我鼓勵年輕領導者在進入職場幾年後，開始評估自己的「人才分類帳」（talent ledger）。細看每一個關鍵時刻，仔細想想每一項決策對人才分類帳產生的正反面影響。舉例來說，當他們聘請第一個助理時，當時的決定是好還是不好？這名助理是表現良好並在公司中不斷進步，還是半途而廢？當面臨該將夢寐以求的升遷給誰？或加薪機會這類棘手的問題時，領導者能否選出最適合的人選？屬意有能力、潛力十足的候選人？抑或因為有員工愛抱怨就屈服呢？

在正負影響交錯後，「人才分類帳」才逐漸成形，我發現它是影響職涯成功的指標。每次評估高階主管時，我會在績效會談中加上人才分類帳的相關議題。我會詢問那些競爭高階職位的候選人幾個問題，大多關於多次效力於他們的員工：「你怎麼找到這些人才，是透過內部升任還是對外招募？最重要的是，他們現在在哪裡呢？是否已經在公司和業界中闖出一番事業？那些最棒的人才有跟你到下一間公司嗎？」我遇過最糟的回應是：「這是個好問題，老實說我不知道他們現在在哪裡。」這告訴了我一件事，這個人極不重視人才，且很有可能缺乏關鍵的「人才吸鐵」能力。你的「人才分類帳」是什麼樣子？當下一次珍貴的關鍵時刻來臨時，你該怎麼做，才能讓你的人才分類帳更加周全？

給予和尋求幫助

在亞當・格蘭特最暢銷的書《給予：華頓商學院最

啟發人心的一堂課》（*Give and Take*）中，有令人信服的證據，證明成為成功的「給予者」，可以讓你在工作與生活中都變得更有效率。許多人認為這樣的論點與常理背道而馳，但格蘭特用研究和案例來支持。書中將人際互動模式分成三種，並將其與工作表現和幸福程度做連結。這三種人分別是：「索取者」、「互利者」，以及「給予者」。「索取者」是凡事考量利益，不給予回饋；「互利者」是有條件給予，在施與受之間取得平衡；「給予者」是無條件地給予，不會期望對方回報。給予者扮演純粹幫助的角色，具有慷慨、責任心、正義感和憐憫等特質。根據格蘭特的說法，成功的「給予者」（也就是那些給予多於索取的人），很可能存在於表現出眾且令人信服的人才之中。

我與格蘭特所見略同，高效率的經營管理者有能力給予，在擴大他們影響力的同時也帶出他人的潛能。索求無度的互動關係，雖然讓多數領導者趨之若鶩，它能維持一段時間，但就如同格蘭特與我所觀察到的，當世界變得愈來愈透明、且事業經營的時間愈來愈長，給予者反而越能嶄露頭角。就我的經驗來看，大家會親近自己信任的人，而「給予」便是建立信任的方法。除了學習如何尋求協助，最重要的是，「如何給予」也會是個實用的共通能力。

情緒智力

在我的職涯中，我總是在尋找情緒智力存在的證據，也就是高情緒商數（又名 EQ）。你應該要有觀察並同理他人的能力。舉例來說，透過肢體語言，一來可得知對方身體是否不適或正在憤怒中，二來可以了解對方的暗示、心情好壞及非語言的訊號。丹尼爾・高曼（Daniel Goleman）是情緒智力領域的先驅，在《EQII：工作 EQ》（*Working with Emotional Intelligence*）一書中，高曼提出影響工作績效和發展，最重要的因素就是情緒智力。透過訪問世界各地的商業領袖，及對五百多家公司進行研究，高曼發現了一個令人驚訝的事實。無論哪個領域，影響頂尖表現的因素，情緒智力的影響是智力商數（IQ）與專業技術的兩倍之多。對於領導者來說，情緒智力占有九成的重要性，它能把頂尖與平庸的人才區分開來。

提升 EQ 是值得討論的議題，同時對於事業心強的人來說，這是更上一層樓的機會。我最近收到一位名叫雷蒙德的青年來信，他曾是奈米科技領域的頂尖畢業生，完成多項技術研究，並參與分析相關的實習，最近踏入全球頂尖諮詢公司擔任業務分析師。他提出一個相當好的問題，以他所擁有的科學背景與分析方面的天分，花時間發展 EQ 是否值得？如果答案是值得，那應該做些什麼？我認為雷蒙德真的很聰明，若能將高 EQ 列入他的技能之一，不論是諮詢、科學或任何他所追求的領域，一定都能夠占盡優勢。

我無法完整回答雷蒙德提出的問題，但我可以提供實際的建議，我建議雷蒙德把提升 EQ 當成一個為期兩年的任務，以促進個人發展。我深信這有助於將他與其他只會讀書的人區分開來，同時增加他長遠成功的機會。我推薦了幾本與此相關的好書，包括高曼所寫的《EQII：工作 EQ》，以及崔維斯・布萊德貝利（Travis Bradberry）和琴・葛麗薇絲（Jean Greaves）共同著作《情緒智力 2.0》（*Emotional Intelligence 2.0*）。但對於雷蒙德來說，透過書本學習只是小菜一碟。他必須增加實戰經驗，來驗證和磨練他的 EQ。他應該參與更多公司與業界的團隊領導活動，明白同事的感受和想法，要知道不只他所傳達的情緒是重要的，更要緊的是，其他人接受到的是什麼樣的訊息。他應該成為敏銳的觀察者，觀察周遭每個人的情緒，再去觀察公司領導者在人際互動的處理方式。我鼓勵雷蒙德記錄他公司的領導者在人際互動時的言行，並判別出哪些有實質效益、而哪些沒有。我告訴他，盡可能多參與公開演說，看聽眾的實際反應會是很棒的學習經驗。他應該離開家鄉、四處旅行，勇敢走出自己的舒適圈。如果他還想更進一步，就報名即興表演或戲劇課程，即使會感到尷尬，他也必須體認到唯有如此，才能促使他迅速了解情緒的樣貌，進而學會回應情緒並懂得如何駕馭它。提升 EQ 可能要花上好幾年的努力，但一切終究是值得的。

以下是三個我最喜歡的「共通能力」，不難，卻都能受用一生。

1. **如何與他人對視、握手。**一名經營房地產開發公司的朋友，向我分享他在大學時練就的能力，終身受用。他說：「我大學參加球隊的最後一年，教練幫我們上了一堂受益終身的課。他說不論是身為運動員、還是在往後的人生中，我們都會遇到許多大人物。我們花了整整一天的集訓時間來練習打招呼、與他人對視、握手寒暄，而非上籃或運球，這次的經驗對我來說是無價的。」每當我面試他人，我很驚訝地發現，許多面試者都不直視我的眼睛，更糟糕的是，還不停低頭玩手機。

2. **如何搜尋資料**。人人都會透過搜索引擎來找尋解答，但大部分找到的答案都非常糟糕。他們不知道如何驗證搜尋結果，也無法區分可靠來源與不實資訊，更不會清楚地、有系統性地簡報資料。我會安排人員搜尋特定事實或資料來源，也會為他們不同的搜尋與簡報方式感到訝異。那些高效率的搜尋者在職涯中會占盡優勢。
3. **如何透過呼吸技巧放鬆心情**。工作時要能集中精神，同時學會放鬆。在職業生涯剛開始的時候，我上了幾堂基礎的呼吸與放鬆課程。時至今日，在一些大型演講或會議前，我仍會運用當時所學的技巧。這些簡單的呼吸技巧十分受用，我真希望當時學多一點。

共通能力是一切事業能力的基礎，之所以稱為「共通」，是因為不論你從事什麼工作、任職哪家公司，都能持續累積並有所助益。學到共通能力是必要的，因為就平均來說，一個人的職業生涯會經歷十二到十五個不同的工作崗位〔勞動部／《富比士》（*Forbes*）商業雜誌／弗雷斯特研究公司（Forrester Research）都有相同的結論〕；在剛進入高中的學生中，有八成會進入現今未知的產業之中。

動力 2：有重大意義的經驗

有重大意義的經驗經由交互作用，能讓人在職涯中變得有多元化能力、見多識廣。新的經驗帶你走出舒適圈、打造事業新實力。有些競爭者只能在特定的環境下才能成長茁壯，就如同溫室裡的花朵，我會儘量避免錄用這樣的人。相反地，我會找多元背景的人選，才能確保他們具有適應與應變能力。

我的同事羅里・薩瑟蘭（Rory Sutherland）是知名講者，也是行為改變的思想領袖。羅里曾提到「多變性（variance）」，亦即嘗試在不同環境下，以不同的方法行事，能創造出更強大的決策能力。如果做事方式總是一成不變，雖然有效率但也會不堪一擊。在遺傳學中，接受一定程度的遺傳多樣性和突變，會產生更強壯的物種。也許，選擇成為經驗豐富的「混血兒」，比起只能專心一件事的「純種」要好得多。

絕不要讓你的職涯變得不堪一擊，在職涯發展的過程中，尋找在一般企業及創業公司的工作機會，也可嘗試到海外或是數個不同城市工作。發展新事物、處理危機，並且藉由可能因個人失誤而導致的風險之下，在重大的活動或展示中展現出來。

在我所處的行業中，開發好的產品或拓展新的業務，都是非常吃重且具急迫性的工作，它迫使人們離開舒適圈，還擔心自己隨時會搞砸。但唯有如此，才有機會建立起事業版圖。投入有意義的工作中，著手開拓新局面吧！

馬可・萊納夫（Mark Linaugh）是世界最大傳播公司 WPP 的頂尖人才，旗下有將近二十萬名員工。每當他要聘用或拔擢一名新主管時，他想看到候選人展現不同面向的領導能力。

- 他們創立過什麼？
- 他們可曾迅速拓展手中的業務？
- 他們可曾扭轉事業危機，使其步上正軌？

這並不代表你要四處跳槽來獲得新的經驗，如果能態度開放，保有一點耐心，就能在同一家公司中找到各式各樣的機會。在事業初期，我獲得帶領一個加拿大奧美公司小部門的機會。表面看來，這份工作並不吸引人，有許多人曾拒絕接任。經歷幾晚的輾轉難眠之後，我決心接下這份工作，沒想到這竟成為我職涯中做過最好的決定之一。起初，許多人都好奇，我到底犯了什麼錯，才被降級去做這麼無聊的工作。但隨著時間推進，這份工作卻讓我及早接觸不同的產業狀況與難題。四年後，當加拿大奧美公司開出高階職缺，我因為當時歷經的考驗和磨難而被點名指派。這看似不起眼的工作機會，卻幫我上了重要的一課，在二十多年之後，我從中學到的經驗仍然受用無窮。

許多人問我，怎樣的事業規劃才會有大好前途。答案有千百種，但我承認我有所偏好。我認為今日職場上的每一個人，都應該花一段時間去了解電子商務，即使只有短短的幾年，也會帶來相當的影響。以下會告訴你為什麼。電子商務是具有遠景的龐大產業，目前價值已高達數百億美元，預計在未來十年內，每年會有 15% 的成長。電子商務包含完成銷售的所有過程，從產品開發到供應鏈如何運作，再到商品販售、客戶服務等，你可以在過程中逐漸獲得從總經理的角度考量的思維。它會讓你學習到品牌建立與客戶互動等「軟實力」，以及利潤管理、數據與分析等「硬實力」。最重要的是，電子商務能讓你立即知道銷售情況，它像是單一工作中所有項目的縮影，得以加速你的學習與成長。如果今天我的事業才剛起步，我絕對會花上許多時間投入電子商務中。

不論是面對創業、第二語言、國際工作、志工計劃，或是電子商務，確認每項有重大意義的經驗，都分配到相當的時間，可以幫助你建立更強大的事業。打開心胸接受，就算無償也值得，讓其成為你漫長職涯的一部分。

動力 3：穩固而長久的關係

穩固而長久的關係也許是最有力的持久動力來源，其中包含職涯中與你有關的企業與人脈。總而言之，你的職涯生態系統是由他們所組成，在第五章中，你會進一步了解職涯生態系統。

你的雇主總是扮演舉足輕重的角色，就這點來說，他們具有前所未見的重要性。無論你在常見的《財富》雜誌五百強公司、新創公司還是外商公司工作，透過 Google 這樣的搜尋引擎，以及 LinkedIn 這樣的社交平台，你曾為誰工作將會變得無所遁形。你是否對自己任職的公司感到驕傲？他們會怎麼形容你這個人呢？你在 X 公司和 Y 公司工作，帶給你怎樣不同的評價（正面還是負面）？如果你想知道哪個公司擁有最佳的雇主品牌，可以去查詢由廣告公司 WPP 所發布的「最具價值品牌名單」（Brands list of the World's most Valuable Brands），或是《財富》雜誌的全球最受推崇公司名單。或許你工作的公司並不有名，但你至少要確定，這家公司是受人敬重的。

人際關係也一樣重要，不論是哪一種，其中包括：

你的主管。這會是你首要面對的關係，沒有人會比你的直屬主管，對你更有影響力，不論或好或壞。你是否有學到最好的工作方法並養成好習慣？你是否為受人尊敬的專家效力？你所效法的企業家，是否有教你承擔風險和其他的共通能力？

客戶／顧客關係。這種人際關係在任何事業中都舉足輕重，特別是在行銷、銷售與專業服務等領域。當你換到不同職位、公司，甚至是不同產業時，你所服務過的顧客和客戶會因為喜歡你，依舊與你聯繫往來，那麼這段關係的建立就算是成功了。我在人才吸鐵的部分，曾提到一種「eBay 要素」的特質，也能應用於客戶關係的經營中。我常常會問我奧美公司旗下的主管說：「如果今天你被放上 eBay，哪些客戶會爭相競標你、或是指定要用你？」

商業合作夥伴。你是否與優秀的商業合作夥伴共事？像是足以支持並推動你職涯的顧問、代理商、技術供應商，或是人才招聘人員。隨著職涯進程，身為資深人員總覺得自己應該無所不知，然而有時候，你的同事會變成你的競爭者，讓你感到害怕又孤獨。你手邊最好準備一份盡是能力出色又願意支持你的工作夥伴名單。

伴你左右的人才。你是否在職涯初期就遇過頂尖的領導者和特定領域的專家？你該問問自己這個問題：「如果要創立自己的公司，我會想帶哪些人一起打拚？如果我開口，他們會願意嗎？」

找到屬於自己團隊。過去，專業人才網絡都是透過聚會組成，但有愈來愈多是圍繞著社群而建立。找尋公司中專業人才網絡，也探索像是 Summit 和 Ten Thousand Coffees 等數位社群。你會發現，循著這些管道，可以找到更多培養能力及建立關係的機會。

「動力」的必要性

我們需要這三種動力的原因有幾個，首先，它們帶來更多選擇，也就是行為經濟學家所稱的「選擇性」。你不會想要學到了某些能力，卻只能在固定一家公司、一個產業，或一個城市中工作。具有深厚的基礎能力，讓我們有資格獲得不一樣的、或更高的職位。無論我們是否追求這些職位，但具有這樣的動力，能讓我們隨時處於備戰狀態。其次，這些動力讓我們足以自立更生。每天都有新公司和產業興起，也有舊的沒落。沒有人能夠準確預測五年後的職場會是什麼樣子，更別說是十年、甚至是四十年了，所以，我們需要保持敏捷度。以下是社會科學家查爾斯・韓第（Charles Handy）所提出的假設練習：「想像一下，如果你現在四十歲，但你必須辭去原有的工作，獨自開創新事業，你會怎麼做？」這足以測試你是否具有自立的能力。

最後，這些動力讓我們擁有更好的持久力。今日事業才起步的人，需要有足夠的動力才能撐得過至少四十年的職涯，保持與時俱進會讓人願意聘用。我們會在第十四章中學到，人可以不斷突破極限，準備上陣吧！

4

職涯精算練習題

我意識到，跑完一場馬拉松賽並不僅是運動成就，而是一種人生態度，說明凡事都有可能發生

——馬拉松選手 & 作家約翰・漢克（John Hanc）

建立職涯計劃之前，你需要藉由一些運算來協助你建立正確的思維。

1. 用六十二扣除你現在的歲數

這個數字就是你距離退休前還要經歷的職涯長度。美國退休年齡平均是六十二歲，與其他西方勞動市場大致相似，或者稍長一些[3]。過去二十年，退休年齡不斷攀升，而這樣的情形很有可能一直延續下去。對於許多人而言，主要的原因可以歸咎於社會保障與退休福利正系統性地被刪減與推遲。此外，也有一群人因為六、七

十歲後，仍保有健康的身體與能樂在其中的工作，所以選擇延後退休。不管原因為何，對大多數人而言，退休將會在六十二歲甚至更晚的時間點來臨，這成為我們必須考量的現況之一。如果今天你才二十多歲，表示還有將近三十五年的時間要用在職場中打拚。許多人認為，自己的職涯大多會在四十歲時就走到終點，但事實卻是即使已經四十歲了，甚至連職涯中途都還沒走到，大多數人都低估了職涯的長度。

2. 精通一件事需要多少時間？

麥爾坎・葛拉威爾（Malcolm Gladwell）的著作《異數：超凡與平凡的界限在哪裡？》（*Outliers: The Story of Success*）中寫到，他曾研究各領域中的佼佼者，包括體育、音樂、藝術和商業領域，估算出大約需要一萬小時的密集練習與排演，才有可能真的精通某項技能，如同葛拉威爾所觀察到的：

「一旦音樂家有足夠的能力進入頂尖音樂學院，能區分其高下的因素就只剩下努力程度的不同。人上之人光是努力是不夠的，而是要比任何人都加倍努力才行。成就是天分與準備的總和，練習從來都不是你表現好時所做的事，而是你所付出的努力造就了你的成功。」

關鍵在於，與生俱來的天分是完全不夠的，不論你的 IQ 有多高或是擁有多少天賦，成功都需要經歷艱難的努力過程與超乎想像的時間去琢磨。放眼看看你所感興趣的產業，研究一下別人的事業軌跡。你會發現，要花上大量的時間，才有機會學到關鍵的技術和經驗。當然這可能會因行業別，也會因人而異，但重點在於你要意識到，若想要進步需要投資多少精力與時間。小野二郎（Jiro Ono）被公認為是世界頂尖的壽司師傅之一，他規定學徒在還沒花上十年精進刀工之前，都不能有機會下廚。當你愈了解自己想要學到的技能，愈需要好好準備，為職涯做出最佳選擇，將成功無限長遠擴展。

3. 四十歲後，還能累積多少個人財富？

大部分的人都預測會有約 60%，年紀較輕的答案傾向更低，像是 40%。實際上，真正的答案大概會落在 85% 至 90% 之間。個人的財富累積大約會在六十五歲時達到高峰，而四十歲前所累積的數目其實只有六十五歲時的 10% 到 15% 左右[4]。大部分的個人財富累積都集中在四十歲之後，原因其實非常簡單。首先，你在職涯中賺取收入的主要階段大多落在四十歲之後；其次，你得以享受到複利所帶來的效益；再者，一旦貸款和小孩的相關費用都付清之後，許多支出會逐漸減少。個人財富確實會在晚年逐漸下降（特別是在八十歲之後的醫療保健費用）。重點在於對多數的人來說，四十歲、五十歲甚至六十幾歲才正是回收過往投資的時候，但他們卻沒有意識到這一點。

4. 你的 Facebook 上有多少好友，LinkedIn 上有多少聯絡人？

這個問題的目的，是以透過社會與商業互動所締結的關係數量為基礎，讓大家藉此了解自己擁有多少「社會資本」。每當我提出這個問題時，所得到的答案往往是好幾百人甚至是好幾千人，而這些答案也大多來自較年輕的世代。一個活躍的成人 Facebook 帳號大約會有兩百個好友，十八到二十五歲之間則至少會有 300 人以上。而 LinkedIn 全體帳號的平均聯絡人數目，大約落在 339 個左右。許多人都認為成功事業的關鍵在於擁有最多的社會連結，然而，我們會在接下來講述職場生態系統的章節看到，事實並非如此。

5. 你會遇到多少真正改變你生涯的貴人？

想當然爾，這個問題沒有正確答案，但我想以此提問來與上述第四個問題相互比較。單就我的經驗來看，每當人們在受獎晚宴和退休派對上回憶漫漫職涯時，總是只會想到幾個對自己的事業有重要貢獻的人。大家絕不會說：「我要感謝 LinkedIn 中的 1,632 個聯絡人」，而是會說：「是這三個特別的人（或者四、五個）讓今天的一切成真」。

我們都會在職涯中找到屬於自己的顧問、老師和支持者，他們總在背後默默為我們加油、幫我們說好話，拔擢我們成為各種職位和獎項的人選。

二十多歲的人，大概就已經擁有至少一位人生導師了。想一想，是誰為你撰寫大學推薦函？是誰提攜你，讓你得到第一份工作或第一次升遷？隨著時間流逝，新的人生導師會出現，過去的導師會漸漸淡出你的生活。但請永遠記得，總有人會與你同在。

職涯精算究竟代表什麼？

顯而易見的結論是，職業生涯是一趟漫長的旅程，通常持續四十五年以上。大多數人過分低估了職涯的長度，因此錯失良機。就像是一個馬拉松跑者，你要以野心勃勃、計劃週詳、準備充分和步步為營的態度。你需要養分和新鮮感來維持向前的動力。你在某一個階段所做的事情，可能會為之後的階段帶來正或反面的影響。儘管會面臨無可避免的痛苦與困境，你仍要幹勁十足地往前走。你需要支持者，更要為事業的成敗負起責任，事業是能力、計劃和運氣的總合[5]。你需要有足夠的能力和完善的計劃，以便在好運降臨時，你已經準備好了。

5

盤點經歷與人脈

職涯經歷清單的目的，是為了協助你進一步掌握目前所擁有的職涯資產，請仔細思考三種主要的職涯動力：

- 共通能力
- 有重大意義的經驗
- 穩固而長久的關係

關於本書提及的職涯經歷清單與所有其他練習的下載版本，請造訪 thelongviewcareer.com。

動力 1：共通能力

共通能力是不論你從事什麼工作、任職哪家公司，甚至跨足任何產業，都能受用的能力，請一一列舉。

- 學歷及專業證照
- 語言能力，包含音樂及電腦語言
- 列舉出時常被上司或同儕提及的優點，或在 360 度回饋與績效評估中所顯示的優勢
- 關於情緒智力（又名 EQ）的表現，可曾得到任何回饋？上司和同事有針對你在社交場合與溝通時的情緒反應做出任何評論嗎？
- 你的人才分類帳。想一想你至今雇用和拔擢過的人，他們有在職涯中高升、成長嗎？那些最頂尖的人才願意再為你效力嗎？

動力 2：有重大意義的經驗

將有重大意義的經驗都寫下來，不論是否屬於工作，這些經驗都可能可以用來展現你生活與工作中的多元面向。

- 旅行
- 被指派跨國工作
- 曾待過的大企業工作環境

- 創業經驗
- 社區活動／志願服務活動
- 你個人對於重大活動、產品發布、知名革新的卓著貢獻
- 公開演說／著作／表演經驗
- 教學／諮詢／指導經驗
- 工作之外的興趣、休閒活動、嗜好
- 其他人生經歷和挑戰

動力3：穩固而長久的關係

搖滾巨星、職業運動員、資產億萬的軟體大亨甚至是天才，沒有人能獨自達成所有的成就

——麥爾坎・葛拉威爾（Malcolm Gladwell），

《異數：超凡與平凡的界限在哪裡？》

隨著時間推移，我們每個人都被特定的生態系統所環繞，這系統是由影響我們職涯的關鍵人物及社群所組成。我鼓勵大家，定期評估周遭的職涯生態系統，確保他們所提供的正是自己所需要的。職涯生態系統有許多層次，所觸及的範圍遠超出現在的工作與雇主。

1. 聯絡人

聯絡人是職涯生態系統中最原始且未經加工的基本要素，包含 LinkedIn 的聯絡人、電子信箱、校友會與離職員工社群，以及工作夥伴等。你該定期整合事業連結，並且思考以下的問題：你有持續開拓新的連結嗎？你有不時更新聯絡人資料庫嗎？你和你所重視的人是否是在不尷尬的情況下失去聯絡？

- 在下列各大社群平台中，你大約擁有多少聯絡人？譬如 LinkedIn 聯絡人、Facebook 好友、Twitter 追蹤人數、Instagram 追蹤人數、個人信箱一覽表或其他社群平台／網絡
- 你所屬的校友會與離職員工社群（學校／過去的雇主等）
- 其他會員團體或產業協會
- 現在或將來有可能會對你事業有重大影響的人脈

很多人往往會誤認「成敗全都歸咎於人脈」，彷彿聯絡人的多寡掌控全局。第一手連結的確對於擴張人際網絡有很大的幫助，但倘若你沒有將這些連結轉換成更高層次的關係，讓這些人替你發聲、為你動員，這些連

結將不會有實質價值。你可能最終會擁有數千個第一手連接，但請切記，一切並非以量取勝，關鍵仍在於分量及影響力。

班・卡斯諾查（Ben Casnocha）與 LinkedIn 創辦人里德・霍夫曼（Reid Hoffman）所共同完成的著作《自創思維：人生是永遠的測試版，瞬息萬變世界的新工作態度》（*The Start-up of You: Adapt to the Future, Invest in Yourself, and Transform Your Career*）中清楚強調了這一點：「拓展人際網絡與建立真摯的關係有相當大的區別，交際應酬追求的是以物易物的關係，僅僅考量到對方能帶來多少效益。但相反的那一面，則會用心經營關係以幫助他人為首要目的，從不計得失。他們知道好心會有好報，所以不會斤斤計較，並且用心經營每段關係，不會只在有需要時才想到。」

2. 專家社群

專家社群處於職涯生態系統中較高的層級，這些擁有專業知識和特殊門路的人，可以幫助你在工作以及職涯中取得成功。他們以專業領域的知識與最佳實戰經驗為你解惑，讓你在過程中精益求精。這樣的社群需要透過集結與培養而來，但最好的方法並非要求他們提供協助，而是藉由主動協助他們，進而有所往來。你可以在目前工作圈中認識他們，但有些人可能來自較遠的地方。

誰是你專家社群中的一員？哪些專業領域已在你的網絡中，又有哪些領域還沒找到相應的專家？你是否有履行承諾，投入心血來回應他們的需求？如果你跳槽到別家公司、或是搬到別的城市，誰會脫離你的專家社群？你又該如何填補這個空缺？

當你面臨無法應對的問題，哪些專家是你會去求教的？這些專家不一定要是人，也可以是 Google 或是特定的部落格。面對不同的問題，我們要向不同「專家」請益。

在工作中，我每週都會遇到一些想破頭也無解的棘手問題。不過還好，我在公司裡裡外外有龐大的專家社群，可以在二十四小時之內幫我解決任何問題。在過去三十年中，我已經在腦海中和我的電子郵件通訊錄中，列出了大約一百名真正的專家，他們有能力、也願意幫我解決疑難雜症。其中，有三分之一任職於我目前的公司，剩下的三分之二則是在過去幾年曾經交流過的人。每當我發現一個新的專家，都會樂不可支，並以積極的

表 5-1 列出屬於你的專家社群

專家	向他們諮詢

態度迅速回應他們的需求。過去一年裡，我透過其他專家轉介或直接的合作案，認識了十位傑出的專家。即使出色的專家也很難不被遺忘，有些原屬於我專家社群中的一分子，都已經漸行漸遠；有些長時間沒有聯絡，有的則離開了他們原本的專長領域。我每年至少會細看一次我的電子郵件通訊錄和 LinkedIn 聯絡人列表，這提醒我，哪些專家其實我只要撥個電話、發個電子郵件就可以聯絡上了。

3. 關鍵同僚

關鍵同僚是你現任公司中特定的五到十人，他們對於你的職涯有著決定性的影響力。主管在調查中被評為影響個人事業成功和幸福的首要人物，而主管的上司也

表 5-2　**列出屬於你的關鍵同僚**

關鍵同僚	關係狀態 （友好／中立／交惡）

是關鍵的影響者。如果你的直屬主管提出要為你加薪或晉升，幾乎都需要經過他們上司的署名批准。所以，不論你主管的上司認為你是傑出還是平庸，都會對你的晉升之路有相當的影響力。同行與部屬也會歸在你關鍵同僚的範圍內。當你思考職涯生態系統的同時，想想現任公司中有哪十個人，需要你跟他們保持穩固的緊密關係。坦白說，他們對你有什麼看法？在你要向前邁進時，他們會支持你嗎？如果不會，你需要做些什麼來化解誤會，甚至博得好感？

4. 支持者

支持者包括導師和擁護者，他們提供建議、支持並鞭策你的職涯。這些人通常是五位左右，甚至更少，他們是你生命中的貴人。支持者就像是職涯中每小時 15 英里的順風，或是一隻無形的手推著你向前。他們總在背後默默替你美言，並支持你的做法。

列舉出可能成為你支持者的人選，如果一時之間想不到，想一想是誰幫你撰寫大學推薦函？或是誰提攜你得到工作跟升遷的機會？

克瑞克特媒體（Cricket Media）的執行長凱蒂亞・安德森（Katya Andresen）定義了導師在人生中扮演的三個主要角色。有的像星辰一樣樹立典範並指引我們成功方向；有的像智者如蘇格拉底旁敲側擊並引導我們思考；還有激勵者，發掘潛力並適時的給予我們當頭棒喝。

我們必須在生活中慢慢累積支持者，大家都在問我：「我該去哪裡找到這些人，如何才能讓他們願意為我付出？」最好的方法就是保持耐心和開放的態度，真心感謝並珍惜與支持者之間的關係，不需要刻意去維繫關係，他們只是想聽你分享你的順境或逆境。就如同凱蒂亞所說的：「如果抱持學生般的學習心態，自然能找到老師。當你找到能幫你的事業有所進展的人，就全力為他工作，創造自己的價值。如果你幸運得到他們的賞識，那就當塊不斷吸收新知的海綿。他們喜歡看到全心投入學習的人，你必須好學、要努力，以便穩固這段關係，並為他們達成目標。最重要的是抱持感恩的心，展現成果來回報他們，並且設法成為同樣具有影響力的人。幫助在非營利組織的志工，或是有志於在你領域中發展的同事或後輩。成為他人的『星辰』、『智者』、『激勵者』，就能讓曾經為你付出的人，感到驕傲。努力發揮影響力，你會從中獲得難以言喻的喜悅。」

有些人認為，他們在職涯生態系統中的支持者，就如同他們個人的董事會。在時代公司（Time Inc.）平步青雲，同時擔任國家美式足球聯盟顧問的阿爾瓦羅・塞拉列吉（Alvaro Saralegui）曾說：「確保你導師的觀點能跟上時代，找到屬於你的過去、現在、未來的支持者。」

一旦擁有屬於自己的導師或支持者，首先要珍惜並與他們保持聯繫；不時短訊問候，分享自己的成敗經驗，也可多多諮詢他們的意見。對你的導師來說，這會是種交流而非負擔，他們會樂在其中。誰是你現在的職涯導師？誰又可能成為下一個？你是否為經營這段關係付出得夠多，來贏得他們的支持？

每年至少繪製一次你的職涯生態系統，將之分為四個層次：聯絡人、專家社群、關鍵同僚，以及支持者，分別記錄下每個層次中增減的關係。哪一段關係為你的

圖 5-1　**職涯生態系統**

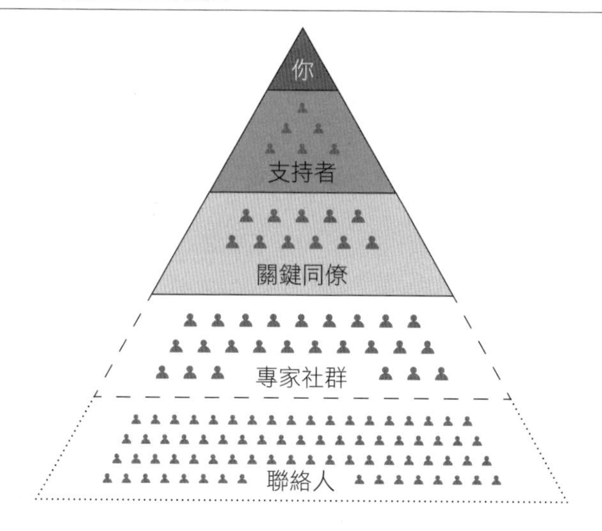

事業帶來最大的價值？哪些關係逐漸消失？哪些為你帶來付出與成長的好機會？可否有任何出乎你意料之外的發展？還有未被開發或關係未被拓展的領域嗎？經營這些關係的關鍵，在於用心，而非盲目擴展關係至數百人。

5. 你

你位於職涯生態系統的中心，這是顯而易見的事實。你就是自己品牌的經營者。經營的工作之一，就是時時關注職涯生態系統，確保它往正向發展且時時更新。有一個我認識的千禧世代超級新星，每年會對她的事業有影響的人進行「能力審查」。她發現，即使是過去全力支持且私交甚篤的好友，如今卻讓她感到失望，且不時阻礙她進步，因為他們總是第一時間跳出來說「這辦不到」或者「妳連試都不應該試」。她選擇花更多時間，比她職涯生態系統中格局更大、更聰明且更活躍的人相處。

年度職涯效益評估

每年確定未來一年的目標，並回顧檢討過去的一年，問自己以下四個問題：

1. 我是否有持續學習成長？
2. 我是否有對他人或公司，甚至整個社會帶來影響？
3. 我有從中得到樂趣嗎？
4. 我是否有得到合理的報酬？

你可以同樣重視這四個因素，或者根據你未來一年的個人目標來分配比重。在你職業生涯的某些階段，「學習」可能會被高度重視，而「報酬」則沒那麼重要。也可能在其他階段中，「樂趣」與「影響力」才是你所追尋的，而其他因素相形之下較不重要。更有些時候，金錢對你來說攸關重大，「報酬」將被視為首要考量。為每個因素分配一個加權百分比，使它們加起來剛好是 100%。

到年底時，花一天時間審視自己過去十二個月來的貢獻、進步和成果。

每個問題都以 10 分為滿分，藉以評估自己的職涯效益。在「學習」方面，你學到了哪幾樣共通能力、獲得了哪些有重大意義的經驗、增進了哪幾種穩固而長久的關係？在「影響力」方面，想一想你的工作為客戶、同事、公司以及社會帶來怎樣的正向回饋？在「樂趣」方面，則因人而異，工作究竟是快樂還是痛苦的源頭？在「報酬」方面，謹記不要單單以基本工資來評估，而要全盤考量，包括基本工資、福利、退休金、假期、事假／彈性工時、雇主支付或補貼的費用，再加上任何累計權益的異動。

看看你的分數、自我評估，以及職涯效益的總分隨著時間變化，是非常有趣的事。由於每項評估都是因人

表 5-3　**案例 1 的年度職涯效益評估**

目標	加權比重	10 分自我評估	職涯效益
學習	25%	9	225
影響力	25%	7	175
樂趣	25%	6	150
報酬	25%	6	150
		年度職涯效益總分	700

而異，因此很難有一定的標準。單就我的經驗來看，只要年度職涯效益的總分超過 700 分，就算是相當好的成績，表示你對所重視的東西普遍感到滿意。若是成績低於 500 分，則應該好好考慮，目標是否正確？期望是否正確？這是真正適合的工作嗎？不是要你執著於這些數字，真正重要的是要定期評估職涯動力，並做出有建設性的改變。

年度職涯效益評估——案例 1

以下是以邁入職涯第一階段的某人為例。他同樣重視四個因素（四項都分配 25% 的加權），並針對滿意程度，分別給予 6 到 9 不等的分數。

將加權與分數相乘之後，這個人的年度職涯效益得分為 700 分，顯示他的事業處於健全狀態。給予「學習」因素的成績高達 9 分，表示他明確地感覺到自己正在為前途培養實用的技能。「樂趣」得分偏低，則要多加注意工作時間內外，是否有活動可為生活添加樂趣。或許可以參與公司的俱樂部、增添新挑戰，或是尋找工作與生活間的平衡。就「報酬」看來，這個人應該更嚴格審視自己的付出，找到比較的基準。之所以感到不開心，是沒有得到應得的報酬？還是期望過高？這時就該與公司談談，得到報酬的標準和想想如何才能得到更多。這個人不應該憑直覺就跳槽到更高薪且更有趣的工作，而應該三思而後行，畢竟這份工作為「學習」和「影響力」都帶來高分，是其他工作難以達到的。

年度職涯效益評估——案例 2

同樣是邁入職涯第一階段的案例，職涯效益得分相同，但四項因素的加權不同。

此案例相較於案例 1 總分多出了 90 分，主要是因為他在最重視的「學習」上有傑出的表現。對於此案例

表 5-4　**案例 2 的年度職涯效益評估**

目標	加權比重	10 分自我評估	職涯效益
學習	60%	9	540
影響力	10%	7	70
樂趣	10%	6	60
報酬	20%	6	120
		年度職涯效益總分	790

來說，關鍵策略仍在於持續學習並找到得以幫助延續學習曲線的工作及上司。隨著事業發展，他會需要更均衡的分數，來保持自己對職業生涯的滿意度。

年度職涯效益評估——案例 3

此案例中的主角正處於職涯的第二階段，急於追求經濟富裕，因此他將 60% 的加權都放在「報酬」因素上。他不太願意將重心放在「學習」、「影響力」或「樂趣」上，是因為要獲得最多收入。只要能收到應有的報酬，他願意在這些因素中做出取捨，這樣的做法也無妨。

表 5-5　案例 3 的年度職涯效益評估

目標	加權比重	10 分自我評估	職涯效益
學習	20%	5	100
影響力	10%	3	30
樂趣	10%	4	40
報酬	60%	9	540
		年度職涯效益總分	710

這個案例雖然最終得到 710 分的高分，但僅僅是因收入符合期望罷了。如果某天突然入不敷出時會發生什麼事呢？如果「報酬」因素上只有拿到 5 分，那總成績就只剩下 470 分而已。對於特別注重「報酬」的人來說，有幾點是必須把握的。1：工作有完整的升遷獎勵制度。2：有清楚的成功標準，同時確信自己能達到。3：不允許自己因為其他因素而停滯不前。根據我的經驗，到了某個階段，僅僅追逐金錢會讓人生逐漸無趣且局限。不斷審視職涯中的目標及因素，調整四項因素的加權，而且每年都應該要有所變動。別只用金錢來定義你對於事業的滿意程度，為「學習」、「影響力」及「樂趣」都留下一點位置。

表 5-6 **案例 4 的年度職涯效益評估**

目標	加權比重	10 分自我評估	職涯效益
學習	20%	7	140
影響力	50%	9	450
樂趣	20%	7	140
報酬	10%	3	30
		年度職涯效益總分	760

年度職涯效益評估——案例 4

案例 4 主要呈現處於職涯第三階段的人，對於「影響力」的渴求。從全職工作退休後，找尋新事業的階段，期望能以有意義的方式付出及貢獻，「樂趣」以及「學習」都屬次要，「報酬」在這時更是微不足道。

根據自我評估的分數，總分 760 分的年度職涯效益評估已經足以證明他的策略奏效。對於這個職涯階段的人來說，金錢已經微不足道，這個人正在發揮他夢寐以求的「影響力」，搭配上適量的「學習」和「樂趣」。

如果今天「報酬」占有重要的地位，這樣的事業規劃就沒辦法維持下去。然而，對於一個尋求「影響力」的人來說，這就是很棒的安排。

6

聰明運用時間

時間是人生的硬幣，也是你擁有的唯一的硬幣，只有你可以決定該如何運用它

——卡爾・桑德堡（Carl Sandburg）

如果你詢問有經驗的財務顧問，想得知在長期投資中如何獲得最大的收益，他們會告訴你「資產分配」是其中的關鍵。換言之，你是否在正確的時間點做正確的投資，包括股票、債券、商品，或者其他資產類別？事業也是如此，但不同的是，關鍵在於你如何投資你的時間。透過審視我們實際上如何分配時間，就可以知道哪些是我們比較重視的，哪些是我們所追求的目標。時間規劃會呈現能加以調整的部分是什麼，使我們更快樂也更成功。

以下的圓餅圖是以我自己及所認識主管的時間安排做為基礎的真實案例，它呈現了在不同活動上所投資的

圖 6-1 **我個人的時間規劃：三十幾歲時**

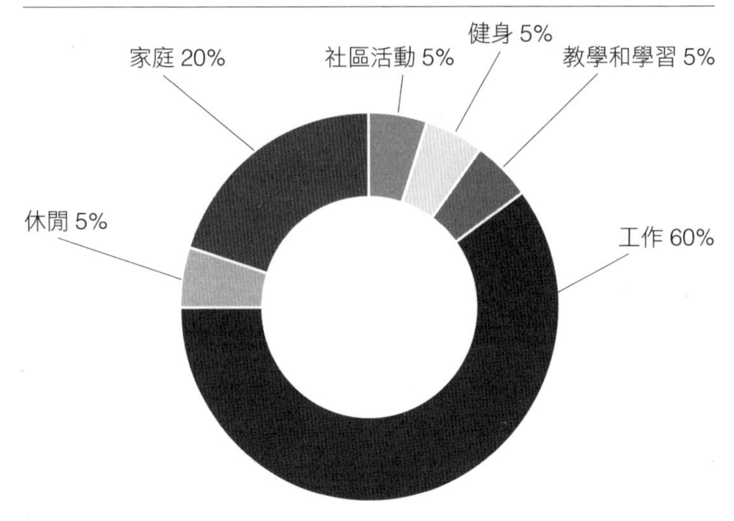

時間百分比。平均一星期大約有一百小時是清醒的活動時間，所以你也很容易也很方便就能做這個練習。我將我的一百小時分成幾大類，像是工作、家庭、健身、教學、學習以及社區活動。不論你是否使用與我相同的分類，或是有沒有精算每段時間都不是重點。替自己和所認識的幾個人做看看，便可以了解其中的意義。圖 6-1 的圓餅圖以處於職涯第一階段且剛邁入三十歲的我為例。我那時在加拿大奧美是個前景看好的主管，已婚並育有兩個小孩。

其中，工作占了60%，我像很多同事一樣，非常努力地工作。如果有必要，我能一星期工作80小時。但如果要長期奮戰，一星期工作60小時就是我的極限。

家庭時間大約占20%，其中包括睡前陪伴孩子的幾小時以及週末家庭活動，雖然完全稱不上模範父親，但至少還沒人撥打過兒童專線！

休閒時間大概占5%，包括偶爾外食，與幾乎每星期固定癱坐在電視前的耍廢時間。

社區活動也占用了5%的時間，包括幾次參與地方慈善團體「善念機構」的志願服務（Goodwill Industries），再把5%的時間分配給健身。我在三十幾歲時開始去健身房，也重啟了啤酒聯賽的曲棍球生涯。

最後，每年我都會舉辦幾場產業相關講座，再加上公司培訓的時間，教學與學習大約也占了5%。

相較之下，圖6-2（見下頁）是我五十幾歲時的時間規劃。

傳統定義的工作時間下降至45%，但就如接下來所述，我將大部分的工作時間重新投注到教學和諮詢活動上，所以我每星期大約仍有60個小時在工作，只是工作的性質截然不同。

家庭時間下降至15%，因為妻子和我進入空巢期，

圖 6-2　**我個人的時間規劃：五十幾歲時**

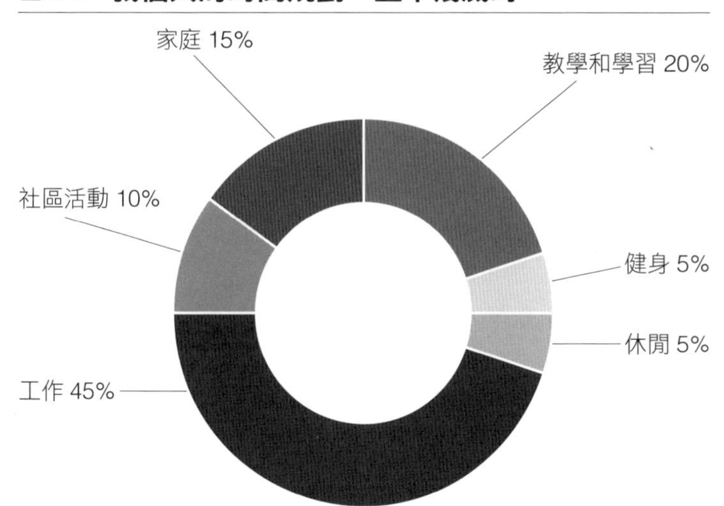

家庭時間現在往往集中在一起旅行上。

休閒時間穩定維持在 5%，停工、耍廢的時間仍然是必要的。除了和朋友相處的時間，彈吉他也成為我的休閒活動，通常是在看很爛的電視節目時彈一彈解悶。

健身時間持續維持 5%，來回幾趟健身房與週日晚上的曲棍球賽成為我每週相當重要的活動。

社區活動比在我五十歲之前更重要，占用的時間提升至 10%。我特別喜歡和幾個社區團體的人相處，也喜歡裡面的服務工作。我感覺自己正以有意義的方式為這

圖 6-3　**導致陷入工作倦怠的時間規劃**

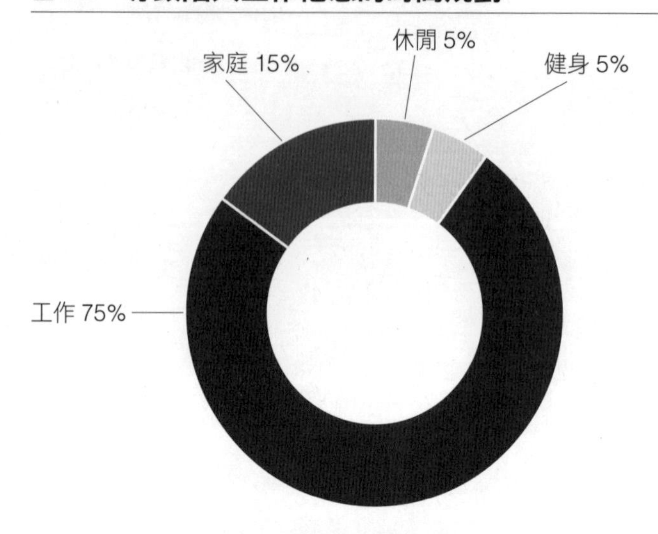

個世界貢獻，也發現社區工作是相當好的正能量來源。

教學和學習的時間分配變化是顯而易見的，因為培訓、指導、演講和一系列產業委員會及諮詢委員會的職務，占據了我大約 20% 的時間，其中也包含了主動學習，這是相當重要的層面。每週六早上八點半開始，我都要上吉他課，當你沉醉於亨德里克斯（Hendrix）的音樂時，就很難想到工作了。

圖 6-3（見上頁）是我某個同事的時間規劃，他正值三十多歲，才華出眾、工作努力，幾乎沒有時間陪伴

家人。他想試著與朋友聚會，但總以「我的工作太忙了」為由取消。他捨棄了嗜好，一樣是因工作繁忙。這名小主管在四十歲時陷入工作倦怠（burned out），離開職場將近兩年的時間，當時他近乎崩潰。我認為導致這個結果的主因，是他的時間規劃缺乏多樣性。日夜以繼日的工作是導致倦怠的罪魁禍首，就如同非常單調的飲食。我非常喜歡雞肉，但只吃雞肉會讓我感到厭煩，這之於工作也是相同的道理。調整工作步調，才有機會帶來靈感和新鮮感。

每年至少評估一次你的時間規劃，結果會帶來相當有啟發性。哪一階段的時間投資帶來激勵人心的成果？你的時間分配是否有所改變？你是否想要嘗試重新分配時間，並在三或六個月之內驗證新規劃的可行性？

每個人對於工作和壓力的承受度各異，喜歡的社區活動、工作甚至家庭模式也不盡相同。但是，在為至少一百人完成個人的時間規劃練習後，我對其中的一些觀察和建議，是能夠分享給大家參考的。

很多人都專注於「工作」這個區塊，這會是一個好的開始，畢竟努力工作仍然十分重要。根據蓋洛普（Gallup）民意調查的結果顯示，在過去十年中，每週工作 60 個小時以上的人口百分比，已經從 9% 增加至

17% [6]。此外，也有其他許多有趣的變化在其他區塊顯現，例如「教學與學習」以及「社區活動」似乎都對幸福和成功產生相當程度的影響。這與亞當・格蘭特在《給予：華頓商學院最啟發人心的一堂課》一書中所提到的如出一轍。不斷學習、給予建議、幫助他人等，對於我們的活力和影響力具有深遠的效果。將這些活動視為成功事業的維他命和養分，可帶來滋潤和新鮮感，讓你在工作時更有衝勁。

規劃式時間調動

圓餅圖若想再擴大是難上加難，所以必須的取捨並不容易。長期缺乏睡眠帶來的害處已是罄竹難書，科學研究證明犧牲睡眠只是賠了夫人又折兵。有些人認為，多工可讓取捨的問題迎刃而解，我相信當兩件事情都相當簡單乏味的時候，多工這個答案可以成立，像是邊折衣服邊看電視重播。但當你細看結果，多工的狀況效益多半不彰，原因無關從事活動的複雜程度，而是大部分人的多工能力都糟糕透頂。我們可能會因為多工而變得更忙碌，卻不會因此變得更有效率。當我們非得要在時間規劃上做出取捨、縮減某些區塊時，我勸你不要將任何「非工作」的區塊完全刪除。你可以稍稍減少一點比例，但儘量別棄之不顧。我們是習慣性的動物，當一個習慣化整為零時，要再重新建立會變得更加困難。即使是一小部分，諸如教學、社區活動以及健身，都有可能帶來巨大的改變。

壓力最主要的來源之一，就是「工作與家庭之間的衝突」，第十一章將會更詳細地介紹這個話題。我有一個已經用了數百次的策略，可以化解這個問題。在過去的二十多年中，我為了業務到世界各地出差，每年都至少花費超過150天的時間。因此我開發了一種稱之為「規劃式時間調動」（proactive time shifting）的方法，以下是其運作的方法。我女兒艾莉森的生日在九月，然而九月也往往是我出差滿檔的時候。所以，我施行了規劃式時間調動。

「嗨，艾莉森。」

「怎麼了，爸爸。」（通常她同時會以晶亮的大眼睛看著我）

「妳的生日快到了呢。」

「對耶，差不多是時候了。」

「那天我人會在東京，我盡可能在當晚就坐飛機趕回家為妳慶生，但也有可能我會錯過妳的生日。不如，我們將妳慶生會的時間挪一挪。我從日本回來後的週末任妳挑選，由妳挑好時間、選擇想要的慶生方式，我會全程參與。」

在艾莉森 25 次的生日中，大約有四分之三都有做過時間調動，而我自認沒有錯過她任何一次生日。「規劃式時間調動」的第一個重點，就是必須要先讓對方知道。你會發現，我與艾莉森的這段對話是發生在七、八月的時候，而非在她生日的前一天，我人都已經在東京的機場休息室或會議室中才要開始談這件事。同時，這個決定絕對是雙向的，由艾莉森提出一些選項，並選出我可以配合的時間，提前查看行事曆，找出可能時間搭不上的日期以及其彈性區間。你得學會成熟地協調選擇性與可行度，尤其要給孩子這樣的學習機會。

除了規劃式時間調動，許多與我交談過的成功人士用更清楚的界限與一次只專心做一件事，來因應繁忙事業。我以前以為我可以一邊享受所謂的家庭時光，一邊閱覽工作相關的電子郵件，但後來發現我辦不到，我需要更清楚的界限。對我來說，短時間內專注的工作，會比在工作與家庭生活間游移來得更好。對於休假來說也是如此。我無法保持一段時間內百分之百完全不碰工作，但我仍努力排除工作所帶來的干擾。在休假期間，撥出一些時間處理工作比較適合我。我規定自己只能在休假期間的每週二、四早上六點半到八點半處理公務，這樣總比隨時都要心驚膽戰地牽掛公務來得要好。

即使是參與少許的社區工作及志願活動都能讓人充滿活力，大家總說：「我退休後就會開始做志工。」就我看來，你也沒機會更早開始。一些年輕人總能從忙碌的行事曆中，找出一、兩個小時的時間來從事志願服務，這讓我感到非常驚訝。我二十幾歲時，開始在善念機構擔任行銷顧問志工，至今我仍是其中的一員，一路走來，我學到的能力，在幾十年後的今天仍帶來許多幫助。

「擁有規律的休閒生活，所帶來的好處是不證自明的」，請詳見湯姆・銳斯（Tom Rath's）的大作《你的電，充飽了嗎？》（*Are You Fully Charged?: The 3 Keys to Energizing Your Work and Life*）。在健身房花費較多時間，並不代表會帶來成功，但一定程度的健身是必要的。養成規律的運動習慣非常重要，若能天天維持就更理想了。當忙碌或疲憊時，我們傾向於取消運動時間，然而，這卻是我們最需要運動的時候。無論是瑜珈、曲棍球、飛輪課程還是跑步，讓它成為你生活中固定的一部分，這能為你的事業好好充電。

有個時段往往能讓你重新規劃原本被浪費的時間，就是當你在通勤的幾小時。在美國主要城市平均往返工作的時間，差不多是兩個小時。對一些人來說，通勤似乎只是浪費時間或是磨練耐心的時候。而我同事迪米特里・邁克斯（Dimitri Maex）在全球奧美互動行銷公司擔任負責人，這是份高壓的工作。另外，他同時也是初露頭角的 DJ 和作曲家。雖然有多重身分，他總能同時兼顧家庭生活。米特里選擇騎自行車去上班，將兩個小時的紐約市通勤地獄，變成每日的健身鍛鍊場。有些人利用火車通勤時間，來進行深度閱讀和寫作；還有些人一邊走路上班，一邊收聽教育播客或者有聲書。這些都是學習新語言、探索產業新趨勢、培養新的職業技能的好方法。我也會善用我通勤的時間，當我早上開車上班時，會打電話到亞洲或歐洲的公司；而每天尾聲，我會打給美國西岸的公司或者住在加拿大的母親，時區差異也可讓工作與生活更便利。通勤時間可以是浪費或痛苦，但也可以加以運用。你該運用通勤時間獲得更多樂趣和更高的效益，想一想，你還有其他零碎的時間可以運用嗎？

7

3個座標變換職涯航道

當你清楚了解自己的價值時，做決定就變得不那麼難了。

——羅伊・迪士尼（Roy E. Disney）

做出正確決定的關鍵，在於尊重未來的自己。

——A・J・賈各布斯（A. J. Jacobs）

在職涯的各種規劃上，我們都會面臨決策時刻與人生的交叉路口。

「我該留在原地還是大步向前？」

「我現在該攻讀商學碩士，還是要以其他研究所學位為目標？」

「公司向我提出調派要求，我應該接受嗎？」

「現在是該重新調整職涯規劃，嘗試與以往截然不同安排的時機嗎？」

「公司對我冷處理（甚至要解雇我），我該怎麼辦？」

每個人都會為如何做出正確的決定而掙扎。在我看來，多數人在職涯上的決定都過於輕率且相對短視近利。針對兩份工作做比較，對照出明顯的優缺點其實相當容易。我會得到更多的薪水嗎？它會帶來更吸引人的職稱、更多的假期或是更好的牙科保險嗎？

這些表面上的比較，容易讓人搞混思考的焦點。你需要更全面性地思考這些選項。我將「職涯路徑導航」放在這第一部的最後，是因為我認為你需要先奠定職涯中其他的幾個基礎工作。包括，運用職涯精算以建立正確的思維框架；思考職涯三大階段，提醒自己從長遠的人生旅途中找出自我定位；練習寫職涯經歷清單，擴大目前的職涯生態系統，評估目前具備的能力和人脈；以及做好時間規劃，取得工作和生活之間的合理平衡。而現在你已經準備好，可以做出明智的決定了。

我們終其一生都在尋找自己的最佳落點，你該找出你擅長、熱愛以及備受肯定的能力三者的交會點。然而，沒有人能一步登天。我告訴大家，這就像把直升機降落在航空母艦上一樣，即使大浪翻騰、狂風怒吼、甲板顛動，我們還是必須安全降落在正確的位置上。

我們一路上所選擇的工作，能幫助我們探索、定

圖 7-1 職涯路徑導航規劃圖：哪一個規劃能讓你得到達成目標所需要的動力？

你的職涯目標：

在＿＿＿＿＿＿＿＿年之內，成為＿＿＿＿＿＿＿＿。

你現有的動力：	為達成目標你所需要的動力：
1. ＿＿＿＿＿＿	1. ＿＿＿＿＿＿
2. ＿＿＿＿＿＿	2. ＿＿＿＿＿＿
3. ＿＿＿＿＿＿	3. ＿＿＿＿＿＿
4. ＿＿＿＿＿＿	4. ＿＿＿＿＿＿
5. ＿＿＿＿＿＿	5. ＿＿＿＿＿＿

職涯路徑 A

角色／工作： ＿＿＿＿＿＿

你將在此處得到的動力： ＿＿＿＿＿＿

職涯路徑 B

角色／工作： ＿＿＿＿＿＿

你將在此處得到的動力： ＿＿＿＿＿＿

職涯路徑 C

角色／工作： ＿＿＿＿＿＿

你將在此處得到的動力： ＿＿＿＿＿＿

職涯路徑 D

角色／工作： ＿＿＿＿＿＿

你將在此處得到的動力： ＿＿＿＿＿＿

義，並來到最佳落點。我曾多次運用職涯路徑導航，來幫助大家思考自己的事業選項，每次都以三個提問做為起頭。

首先，你的職涯目標是什麼？就算沒有答案，至少假設一下你大概的未來志向。其次，你目前在工作上擁有的動力是什麼？最後，為了達成最終目標，你又需要什麼樣的動力？這些問題不僅促使人去思考不同工作上的具體細節，也讓人得以仔細規劃未來的道路，以及所踏出的每一步的決定是否會開啟或關上任何機會。也就是說，「考慮到我現在所處的位置與發展方向，哪個決定能提供最好的機會來達成目標？」

傑米是一家大型通訊公司的新星，他的思考與行動上都極具效率。公司非常欣賞他，指派給他堆積如山的工作，以及執行多樣任務的機會。就如同大多數二十多歲的小夥子，傑米仍不清楚他長遠的目標是什麼。但在灌下一瓶啤酒後，他隨口吐露：「有一天我會成為辦公室主任。」

當傑米認真考慮成為辦公室主任要付出的代價，以及與現在職位的差距，他發現，目前的工作量他還能負荷，但並不足以讓他達成目標。他必須學習如何去管理營運損益表與業務推動。傑米還需要培養「人才吸引力」，讓他不只是單打獨鬥的行動派，而是名副其實的領導者。如果他想設立國際辦公室，就需要證明自己不只能與當地客戶合作，也能一手包辦國際客戶。接下來的幾年，他必須與公司更多高階主管和全球人力資源主管建立良好關係，因為他目前還沒被列入主管候選人名單中。傑米現在可以衡量這些情況，再看看有哪些工作機會，並在未來幾年內做出明智的抉擇。他不僅想知道什麼是所謂的「好工作」，同時也思考著哪項工作有最豐富的發展條件。當我再度與傑米搭上線時，他已經在公司裡找到理想職位，培養出所需技能，並且正式往成為主管的路邁進。

有些人會像傑米一樣，渴望能有更高的領導地位，有些人則會希望能更深一步進修。許多人都向我諮詢攻讀碩士的建議，然而我並沒有取得碩士學位，也從來不為此而後悔。我總覺得在寶鹼與奧美廣告的工作經驗，幾乎等同於攻讀一個商學碩士。這兩家公司都相當注重人才培訓，而我也不斷自我學習。當我瀏覽我 LinkedIn 聯絡人的資料，發現在 20 位最成功的執行長中，大概只有一半擁有商學碩士學位。

對於某些特定的領域或角色來說，碩士學位的確能帶來許多附加價值，攻讀碩士學位的理由往往因人而異。你需要決定，它會為你的職涯帶來什麼特別的價值，碩士學位是否能：

- 讓你學到現在所沒有的共通能力？
- 幫助你煥然一新，找到職涯的新方向？
- 幫你建立新的連結，擴展職涯生態系統？
- 讓你取得現在尚未持有的證照？
- 加速你的探索進程，檢視你針對所擅長的、熱愛的事物做出的假設是否正確？

麻省理工學院（MIT）史隆管理學院中的史隆學者商學碩士學位，是一個完全專注於成長層面的碩士課程，是一個為期十二週的全真模擬課程，適合步入職涯中期的專業人士攻讀。此課程的學生大多三十幾歲，有75% 來自美國以外的國家。課程主任史蒂芬・薩卡（Stephen Sacca）說道，「這是商學碩士學位的領導力課程，不是為想重新替職涯找尋方向的人，或想拿取證照的人所設計的。它是為那些在現職中非常成功、但認為自己可以為改變產業付出更多的人所規劃的」。該課程的其中一員是名古典歌劇歌者，她認為音樂產業應該要徹底瓦解才能重獲新生。她運用在課程中習到的經驗，打造新的商業技能與全球人脈，讓她足以迎向挑戰。

就讀商學碩士學位的投資報酬率

多年以來，大家在就讀商學碩士之前，就先行預設立場，認為一段時間後便會得到回報，然而這幾年的投資報酬率已經大不如前。有些人追求的是具體的投資回報，但如果你想要計算一下就讀商學碩士究竟值不值得。可以先想一想就讀本身所需的花費，也就是學費、教科書、日用品、差旅，或許還有一連串食衣住行的支出，再加上學生貸款利息；如果是離職進修，還要再加上少這一、兩年薪水的機會成本，含稅後隨隨便便就要20萬美元。問問自己：「我是否能夠預期自己在完成學業、扣除稅額之後，還可以在往後的職涯中多賺進20萬美元？」職涯可以延續的時間相當長，對自己設下這樣的期待其實仍在合理範圍內。即使細算後的答案是辦不到，也不一定要放棄就讀碩士的想法，只要確保你可以說服自己就夠了。

近幾年來，穆罕默德・阿舒爾（Mohammed Ashour）的職涯決策是我所看到最有趣且最經典的例子之一。讓我們來看看穆罕默德做了些什麼。

簡介：醫學院還是蟋蟀牧場？

姓名：穆罕默德·阿舒爾

年紀：二十八歲

身分：昆蟲農業領域立志公司（Aspire）的執行長

最佳落點：醫學、商業與其目標的交會點

「這是我有生以來第一次有不再回到純醫學領域的想法。」曾以成為神經外科醫師為夢想的穆罕默德，知道這句話聽起來很瘋狂。當他繼續說明新事業，其內容令人更加難以置信。穆罕默德所打造的「立志公司」（Aspire），是一家繁殖昆蟲的跨國公司。「這是我注定要做的事。」他說。

二十八歲的穆罕默德已經習慣了大家的反應，每當他向其他人說有關立志公司的一切時，大家總是既震驚又困惑。在他進入麥基爾大學（McGill University）就讀醫學與商學雙碩士學位一學期之後，便與友人聯手創立了這家公司。這個想法起先只是知名霍特獎（Hult Prize）的一項參賽作品，該獎項每年都由柯林頓全球倡議組織（Clinton Global Initiative）與霍特國際商學院（Hult International Business School）共同舉辦。霍特獎每年都會邀請商學院參賽，並提出創業該如何改善世界的解決方案。2013 年的主題是解決食安問題，並為世界各地的貧窮人口提供糧食。總共有超過一萬個團隊參賽，全都是為了贏得一百萬美元的創業獎金。

麥基爾大學團隊提出了一個既驚人又有力的概念：「繁殖並銷售昆蟲」。他們以蟋蟀、蚱蜢和象鼻蟲為主，做為人類新型態的食物。根據該團隊的研究指出，比起牛肉及雞肉，昆蟲富有相當大量的蛋白質，在生產過程中所需的資源卻少得多。此外，世界各地有數百萬人已經將昆蟲納入飲食中的一部分，主要是非洲以及南美洲人。執行計劃會面臨的挑戰，將是該如何取得食品供應鏈，以及如何確保昆蟲的來源完全可靠、具成本效益，同時具有高品質的控管。

穆罕默德從區域賽中勝出，晉級到紐約參加決賽，並在前總統比爾・克林頓（Bill Clinton）以及其他觀眾面前贏得了首獎 100 萬美元。但對於穆罕默德來說，這場勝利卻讓他陷入進退兩難的局面。他說：「我意識到，如果沒有踏入醫療管理領域，我為了成為醫生所做的努力就前功盡棄了。在贏得霍特獎之後，不僅我的商學論文水到渠成，還有許多老闆對我招手。我家中有個新生兒，而各方開出難以拒絕的條件要我為他們工作，的確十分誘人。」他必須決定是否要回到學校中完成尚未完成的醫學碩士學位，還是接受其中一份優渥的機會，或是以立志公司為重心全力經營。「我必須選擇其中一條路，如果我選擇全職經營立志公司，就必須冒著可能失敗的風險。」他說著，「而同時還有另一個風險存在，就是我可能終其一生都無法完成我的醫學碩士學位。從八歲起，成為醫生就是我的夢想，若選擇了立志公司，我的夢想就永遠不可能達成，這樣的想法讓我卻步。」

穆罕默德與家人爭論不休，他們的疑慮出於善意卻使得整件事情更顯複雜。全家都擔心穆罕默德會放棄穩定的生活，去追求標新立異的夢想。為了成為醫生，他已努力了好幾年，從多倫多大學取得心理學和生物學學士學位，並在麥基爾大學獲得神經科學碩士學位。他說：「我不是在企業世家長大，我們家出了許多專業人才，包含工程師、醫師、銀行家等，但從未有過企業家。家人無法理解，為什麼我會放棄一條已經鋪好的坦途，選擇一片茫茫未知的前景。」

對於穆罕默德來說，這一切與他最初決定踏入醫界的原因相同：「有機會成為傳奇人物、渴望擁有正面影響力，以及經濟穩定的能力」。在立志公司，他能用他從沒想過的方式完成這三項目標，甚至建立在崇高遠大的基礎上。

最後，他決定暫時放棄攻讀學位，全力打造立志公司。他們舉家搬到位在德州的奧斯汀，這裡是立志公司最早設立昆蟲繁殖設備的地方。公司勉強撐過前兩年，工作團隊也增加到了 16 人，看起來一切大有可為，但穆罕默德知道，不到最後不能妄下定論。他說：「我大可選擇一些更明確的路，像是在華爾街或醫界工作。但就目前看來，沒有任何事情能比與最棒的團隊共創社會企業，帶給我更多成長、影響與成就感，這件事可能會失敗，但我絕不後悔走過這一遭。」

穆罕默德選擇的道路不是最容易的，也不是最熱門的。但就長遠看來，這是一個聰明的賭注，對錯只有交給時間驗證。他將這個選擇放入思考脈絡，同時俯瞰全局，然後下定決心並且堅持到底。

深思熟慮再做決定

兼具作家與天使投資人身分的奧倫・霍夫曼（Auren Hoffman）針對致力長遠計劃及追尋成長的人提供了一些很好的建議。他談論的內容以新創公司間的抉擇為主，這種智慧也適用於任何尋求更上一層樓並願意承擔風險和後果的人身上。

根據奧倫所說：「持續成長是長遠成功的必要條件，社會新鮮人的效能每年平均都會增長10%，這意味著大學畢業七年後，他們的工作效能大約是原先的兩倍。這完全合乎常理，因為相較於他們初入社會的第一份工作，二十九歲的人可以做出的貢獻是兩倍。如果想要成長得更快速，你需要一份具有以下條件的工作」

- 周圍有比你聰明的人
- 你有失敗的機會
- 公司曾將重責大任託付給你

奧倫曾說：「找到一家至少有30%的人比你聰明的公司，這些人必須真正令人佩服，因為你的成長大多來自於他們的影響。大家傾向於雇用自己認識的人，你要有智慧地選擇同事，因為這些人很可能會陪伴你未來三十年。觀察一家公司在選用人才時的嚴謹程度，就大概能夠判斷出在這家公司工作的人有多聰明。招聘過程艱難且通常漫長的工作才是你該做的選擇，這個過程中，你會與很多人碰面、完成指定計劃，並且經歷幾場極度緊張的面試。雖然這個方法並非盡善盡美，但至少你知道公司聘用的其他人都經過相同嚴格的審核。」

奧倫繼續說道：「當失敗的機率在33%到66%之間時，你的成長幅度會最大，為求進步，你會想待在不保證你能成功的環境之中。人們（特別是應屆的畢業生）太常投入必然成功的工作，雖然那會讓人覺得很有成就感，卻無助於成長。因此，你應該找一家會把極具挑戰性的工作交付給你的公司。

假設你是心懷大志且渴望自我精進的人，你會希望能獲得升遷且擁有被賦予重任的機會。找到與你有相似想法的人，看看這些人在他們的公司中是否被委以重任。最有可能提拔你的，是那些正在顯著成長的公司，他們也曾提拔過跟你相似的人。」

不論是創業還是其他選擇，關於職涯的抉擇總是被情緒起伏和脆弱的心靈左右。克里斯・格雷夫斯（Chris Graves）是奧美公關的全球董事長，也是著名的行為經濟學專家。他提醒大家，天生的成見會在不知不覺中影響我們，包括在職業生涯中所做的決策。

「我們一再低估事情的長遠效益，這種現象稱之為『時間折價』。即使未來實際得到的利益更大，我們仍會拒絕先承受痛苦（像是較辛苦的工作、較低的工資及聲望）。我們總是杞人憂天，不相信未來會有好事降臨，也因此大幅降低了它的可能性。」克里斯也注意到了「損失厭惡」如何產生作用，「大家看到的後果和風險遠比正面思考來得多。夢想總是模糊不清，但所有恐懼卻都栩栩如生。」

重要的是，你要去了解現況是什麼，也要知道自己對風險可能有成見，因此會想遠離它，在正確的思維框架下做出職涯決策也一樣。不要被老闆或獵人頭打壓而做出倉促的決定。丹尼爾・康納曼（Daniel Kahneman）的著作《快思慢想》（*Thinking, Fast and Slow*）詳述了一連串的實驗，證明了人們經常自信滿滿地做出錯誤的結論。我戲稱為「職業快閃族」，這是近年來最沒有意義的行為之一。他們其中某個成員得到一份新工作，便在一星期後公開一篇文章或 Facebook 貼文，內容大概是：「在『創業巫師』工作的生活實在太棒了，這是有史以來最好的工作。『創業巫師』熱情招募中，需要你一起加入，趕快來看看！」這樣的訊息在他們之中造成一股旋風，大家紛紛投履歷到該公司。在兩個月內，超過一半的人都在「創業巫師」工作，直到他們發現這份工作根本沒想像中那麼好。其中有人甚至跳槽到「創業天才」公司，這樣的輪迴又再次開始。探索自我定位是好事，但漫無去向的改變卻不是。

不要將自己的工作決定權交給任何職業快閃或是衝動直覺。在做出決定前，至少與目前公司中的三名成員詳加討論（你的主管、人力資源部，以及至少一個在公司中值得信賴的人）。你應該多多探索現職公司中的其他機會，通常會有重要的新訊息影響你的決定。最近有個很有才華的年輕女性離職，到我們的競爭公司上班。她雖然熱愛我們的公司文化，但她先假定自己所追尋的目標必須在公司以外的地方才能找到，所以只能選擇離職。就在她辭職的幾天前，公司已經同意開設一個新部門，而這新部門能讓她實現理念。在她同意新工作之前，她並沒有先在公司中嘗試實現想法，所以她和我們公司都失去了這個機會。向你的主管傳達你的抱負，是既正向又有建設性的做法。你的目標應該以訂定計劃與時間表為主，而非尋求立即的解決方案。如果你在短短幾天內就提出最後通牒，要求公司做出回應，你就必須要為可能的後果做好心理準備，公司大多不會接受討價還價。這時候，出自賓州大學華頓商學院的文章〈外國的月亮不一定比較圓〉（*The Grass is Not Always Greener*）就值得拜讀了。

你可以藉由你的抱負、專業和選擇來評估你的工作，並且針對當前的情況，做出正確的假設。多考量你所分配到的工作與學習曲線，而非職稱。隨時準備好傾注全力、準備好冒險。害怕是難免的，如果下定決心要離開，就優雅地走。每當人們離去時，不免俗會說出「我們有朝一日會再相見」這樣的陳腔濫調，但這句話一點也沒錯。前同事和雇主將會是你職涯生態系統重要的一部分。他們會在未來幾年提供對你的評價及態度，他們會在你現職的公司及未來工作的地方找人才，他們會成為你的顧問、客戶也會影響你。用積極的態度和責任心把最後的工作收尾，小心弭平彼此之間的裂痕，並表示感謝。

PART II

25、35、45的生涯落點

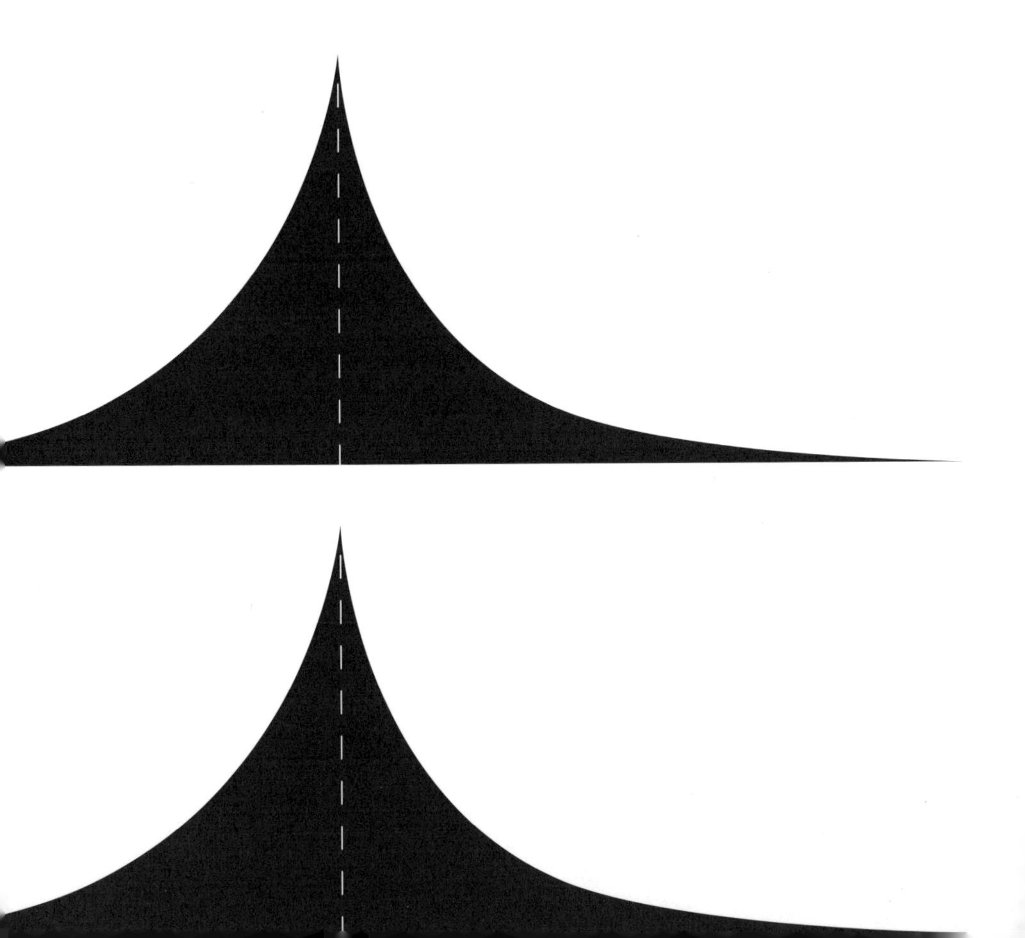

8

第一階段：厚植實力

浪子並不都是迷失了方向。

——J・J・R・托爾金（J. R. R. Tolkien）

有些人確切知道他們想做什麼，並且很快地在離開學校後就找到滿意的工作，然而這些人只是少數。大部分人並非如此，鮮少人會明確知道心之所向，特別是在初入職場時。我剛起步時，從事會計相關工作，但很快地我就愛上行銷，並將我接下來的職涯都奉獻在這個領域。我其中一個女兒曾在劍橋大學攻讀中世紀史學博士學位，而她現在卻在倫敦金融服務相關領域擔任研究人員。

正如同格蘭特在《給予：華頓商學院最啟發人心的一堂課》一書中提到的：「我希望人們在職涯初期的期待是更實際的。」整個職涯的第一階段，通常長達十五年的時間，是學習與探索的歷程，也是嘗試與犯錯的階段，你並不會像找到神話般的理想工作每天喜不自禁，而是會找到你所擅長、不擅長、喜愛以及厭惡的事情。職涯的第一階段並非像慢慢熟成的牛排，被動等待，而是要主動出擊，緊盯著眼前的目標。

馬克・穆迪斯圖亞特（Mark Moody-Stuart）曾說，「事業不會永遠一帆風順、有時以退為進、有時每況愈下，反而會成就榮景，最棒的旅程會在我們迷路的時候開始。」職涯第一階段的策略十分簡單：「加入戰局、竭力探索、為漫漫長路蓄積動力」，僅此而已。如果當你離開第一階段時已經達成以上三點，那麼你的職涯已頗具雛型。然而，執行這些策略並不容易，所以我在此提供一些具體的想法，讓你能更快上手。

加入戰局

每個人的職涯第一步就是加入戰局，雖然，有許多人不得其門而入。

塔拉是即將在倫敦畢業的碩士生，她列出一些她與同學共同面臨的擔憂：

•「如果我仍不清楚什麼才是我想做一輩子的工

作，我該怎麼辦？」

- 「這個行業太複雜了，到底哪個部門最有吸引力？」
- 「我夠資格嗎？ 如果我沒有太多實戰經驗，能成功嗎？」
- 「我能適應企業文化嗎？他們會幫我辦簽證嗎（國際學生）？」
- 「這份工作會幫我實現長遠的職涯目標嗎？」
- 「這份工作是否能讓我足以維生，甚至讓我償還學貸？」
- 「該怎麼知道我會不會喜歡這份工作？」

父母會願意提供工作上的協助，但是上一代的求職經驗談已經愈來愈不合時宜。十五年前，父母與孩子間談到工作的對話大概會像這樣：「嘿，老爸，我得到一個 AT&T 行銷部門的校園面試機會，不錯吧！珍妮佛阿姨還在那兒工作嗎？」時至今日，較有可能發生的是以下的對話：「爸，我剛剛透過 LinkedIn 與『紫紅疣豬』（Strawberry Warthog）公司執行長聯繫過了，我正在考慮進入他們的營銷部，但我仍無法決定該專攻客戶關係還是市場分析。」大部分的父母都無法理解第二段對話中的任何一個字，也難怪胸懷大志的年輕人與他們的父母都為此困擾不已。

對於像搭拉這樣第一次找工作的人來說，職場如戰場。你所需要的是正確的思維，以爭取寥寥可數的職缺。競爭對手（愈來愈多來自世界各地的人）至少是和你一樣聰明、有個人魅力有才華。沒有人欠你一份工作，你要有不被錄取的心理準備，而且這樣的狀況會不斷發生。

以下是提供給第一次踏入職場求職者的一些小技巧：

1. 運用學生時期打好基礎

我不認為學生時期應該用來卡位工作，但這段時間肯定能為成功的職涯選擇打下良好的基礎。

關鍵不在於你選修了哪一門課程，或者 GPA 有沒有計算到小數點後第三位，或是你加入了哪個學生組織。重要的是為未來打下基礎，高等教育是龐大的投資，把握這個再好不過的機會，好好充實自己：

共通能力：做為學習的主體，課程的選擇能否讓你學到關鍵能力，讓你在將來學以致用？關鍵能力包含解決問題的能力、團隊合作的精神，以及好奇心等。

有重大意義的經驗：你是否有善用大學時光多多探索課外生活、領導能力、旅行、實習？這些能夠為你的將來做好準備。

穩固而長久的關係：你是否有嘗試接觸更多人，並與他們建立良好的關係，包含同學、老師、專家、顧問，抑或是其他你願意與其保持聯絡十年、二十年之久的人？

2. 擬定求職攻略

構建電子表格和資料庫來協助你找到第一份工作。攻略將有助於保持你的專注力和積極性。根據不同的行業、地點、規模、公司聲譽以及朋友、家人、職業顧問等建議，先擬定一個十到二十家公司不等的名單。然後，以名單上的公司及行業為目標，開始建立人脈。逐一建檔聯絡資訊，包含各公司的網頁、電子信箱、LinkedIn 簡介，以及電話號碼。記錄你針對每家公司採取的行動，以及任何相關回應或後續因應步驟，並且時時標注工作申請期限。

隨著求職進度展開，會有嶄新局面開啟；一些公司及聯絡人會被列入你的有效目標名單，也有些大門會關上，成為資料的一部分，這是正常且必要的過程。把有效的機會整理成可控管的名單，別同時保有數百個潛在機會，因為你會不堪負荷。

3. 積極參與校園徵才活動

許多大學和學院都有公開舉辦徵才博覽會，我會鼓勵學生盡可能多多參與。這樣的活動所帶來的企業氛圍，是從公司指南與網頁上難以得知的。有時候，認清那些你不想踏入的公司反而是件好事。如果你找到喜歡的公司，試著得到一對一的聯絡方式，像是拿到名片、個人電子信箱，或是想一個值得深入探討的問題，以便得到更深入的資訊。多多運用校內徵才資源中心，雖然不能依靠它們來找工作（不過這取決於你），但你可以透過它們來培養基本技能，並且演練好該如何應對殘酷的職場。

4. 成為線上求職的高手

網路搜尋再加上個人調查，讓你知道哪間公司在招聘特定職缺。自然而然，下一步就是遞出工作申請。記下申請截止日期，幾乎所有工作在面試之前都有線上求職的程序。請一位或多位可靠的顧問，幫你看看申請表的草稿，這些顧問最好在那家公司工作或至少在相關業界任職，拿出你最好的表現，讓你的申請表更臻完美。線上求職的結果往往是令人沮喪的，因為它們幾乎都來源不清且回覆率極低。你可能需要重複數十次甚至上百次同樣的動作，才能得到第一份工作。咬牙撐過去吧！線上求職是求職征戰計劃中必經且不可或缺的一部分。對於某些工作來說，這可能是唯一踏入的管道。設法成為線上求職高手，俐落地完成它，然後繼續前進。

與其花費四小時讓那封可能永遠不會有人讀的求職信更完美，還不如將時間投注在找到十五個與求職相關的人脈。

5. 最重要的是，善用你的人脈

在市場營銷中，「有關係」可以大大提升回覆率。想當然爾，在求職中也是如此。運用你的人脈（導師、校友、朋友、父母、其他家族成員、鄰居），讓他們幫助你了解既有的選擇，釐清你是否是特定行業、職位和公司的合適人選，好為你開啟機會。

建立並分類一連串對你有幫助的人脈名單，最近被聘用到該行業的朋友和熟人是最棒的，目前在該領域工作的資深主管也很好。別忘了那些了解你的人與你的支持者，他們會激勵你，同時積極幫助你邁向成功。這些人會比在該行業中、卻跟你不熟的人，更能確定你是否為合適的人選。

同時運用校友聯絡網與 LinkedIn 等人才資料庫，這是建立更多門路的好方式。透過校友通訊錄，搜尋校友會中的成員有誰目前任職於你的目標公司。也可以透過 LinkedIn，找找有哪些目前任職於目標公司的人，曾是你的同學。如果你可以找到彼此間的連結，就與他們聯繫。你會驚訝地發現，有很多人樂意分享他們的工作經驗。現在就開始製作這份名單，一封簡要且個人化的電子郵件是很好的第一步：

親愛的 X，

我是……………。因為共同聯絡人的建議，我決定寫這封信給您。

我最近開始求職，對於 X 行業相當有興趣，想要進一步了解，我相信您的建議會有舉足輕重的影響。不知道您是否願意，安排下周與我通話二十分鐘或短暫會面？我會非常感激您所提供的任何建議。

祝好，並附上聯絡資料與簡歷。

這樣就夠了。或許再加上一、兩句話，寫下收信者可能會感興趣的話題。但是別寫過頭，不要高談闊論你不太熟悉的行業議題，也不要長篇大論或陳腔濫調，直接切入重點，記得抱持謙虛有禮的態度。在此提供一個簡單的下一步讓你參考。

你應該請求對方撥出一小段時間（十五到三十分鐘），因為這些人大多都十分忙碌。你應該建議一個較近的時間點（約莫下週），以急迫性來表示你對於這件事情的重視。對方可能會同意或直接忽略你。如果對方同意了，你可以開始討論要以通話還是會面的形式進行，也要決定時間長短，短至十分鐘或是長至數小時。我建議，不論對方提供怎樣的機會都照單全收，並且把握每個機會帶來的最大效益。如果四、五天內都沒有收到回覆，不要慌張，再寄出一封簡單的提醒，連帶附上先前的信件內容與簡歷。

親愛的 X，

關於 Y 產業的種種，我仍然很希望能得到您的建議。不知道您是否能夠安排這周或下周，與我通話二十分鐘？衷心感謝您提供的任何觀點和建議。

祝好，並附上聯絡資料與簡歷。

不是每個收件者都會回信，這沒什麼大不了，歡迎來到被拒絕的世界。但有些人會回覆你，那麼，你的下一步該怎麼做？

6. 在會面之前，多做些功課

在有維基百科和 LinkedIn 可供搜尋的前提下，不知道對方的基本資料，以及對其行業的基本認識，是說不過去的。即使你認為只是閒聊，事實上每次見面都是一場面試。多準備幾個問題，隨時做好筆記，記得事後寫下致謝的電子郵件。他們都在觀望是否值得為你搏一搏，試著讓他們容易下決定。記住，不要一味地只準備要回答的答案，要花一樣的時間準備能使人眼睛一亮的提問。

以下是大家問過我的一些好問題：

- 這個行業有什麼特別之處？
- 關於你的工作，你喜歡／不喜歡哪些部分？
- 需要什麼樣的技能，才能在你的工作中成功？

- 你如何得到這份工作？
- 你的公司文化是什麼？與其他公司有什麼不同？
- 如何踏入你所在的行業（與過去有什麼不同）？
- 什麼樣的挑戰會讓你興奮得徹夜難眠？
- 你認為目前業界的龍頭是誰？
- 你知道目前公司中有任何好的職缺嗎？（提出這樣的問題也無傷大雅）。

永遠要記得提出這個問題：

- 有任何人選（或公司）是你會推薦我與之交談的嗎？

7. 找到第一份工作並不容易

如果有人告訴你，他們求職的過程有多難，帶他們去會會「善念機構」的比爾・弗雷斯特[7]（Bill Forrester）和琳達・特納（Linda Turner）。他們分別在紐約善念機構中擔任執行長與執行副總裁，兩人都在職訓方面有六十年的工作經驗，他們的團隊已經幫助超過十萬名求職者找到合適的工作。比爾和琳達所幫助的求職者，通常命運多舛。他們所面對的可能是發展障礙、精神疾病、語言障礙或者無法負擔前往工作地點的車馬費等現實問題。他們該如何找到第一份工作？更令人心酸的是，當他們連三餐都成問題、前科累累，連合適的衣著和髮型都沒有，又該如何在面試中勝出？

善念機構團隊透過「優勢模式」，來幫助他們的客戶獲得成功。該團隊始終專注於個人優勢、能力和技能，以此來建立最重要的起點：「自信心」。對比爾和琳達來說，這是成功的先決條件。透過準備和培訓，淺嘗幾次小小的勝利滋味後，自信心就能逐漸建立起來。接著，與特定人士合作，釐清就業阻礙，並有系統地逐一解決。如何才能有建設性地克服包括兒童照護、交通、語言能力、電腦技能，以及外貌等現實問題？善念機構曾協助過的一名年輕人，他雖然患有自閉症，但在大多數情況下仍十分積極進取。善念機構發現他擅長將顏色分類，便協助他在零售服裝連鎖店，找到了一個分類商品及補貨的工作。

我們都可以從比爾和琳達以及善念機構團隊身上學到很多。琳達曾說：「每一次求職成功的背後，都存在這兩樣東西：想成功的意志力與適時伸出援手的貴人。」為了增加成功的機會，善念機構為求職者點出最廣大的工作獵場，研究高需求工作的市場（勞動力市場報告出自 ZipRecruiter），並且引導求職者往該領域前行。想當然，最熱門的工作並不會總是有最多工作職缺。琳達認為，對這些求職者來說，有許多非學術的領域都是可以追求的，像是電工、水管工和家庭看護。在你所選擇的領域中，有哪些屬於高需求的工作？

最後，善念機構也發現即使較小的成功經驗（像是得到第一次面試機會、或是收到新的技職證書）都有助於提升士氣和信心。沒有人會在第一次求職就能順利錄取。大部分寄出的電子郵件往往被忽視、面試被取消、職缺被無限延宕甚至直接消失。

這是我從善念機構中勇敢的求職者們身上學到的一課。職場再怎麼黯淡無光，比起他們，沒人有資格發牢騷、抱怨自己經歷了多少挫敗，因為總有人的日子比我們更難過。不要停止戰鬥，堅持你的求職征戰計劃，你終將會踏入職場。

8. 探索

即使找到了第一份工作，但探索的過程還很漫長，一切才剛開始而已。你需要找出自己擅長、熱愛以及備受肯定的能力三者的交會點。

在作家羅伯・葛林（Robert Greene）的 TED Talks 中，他提醒大家，在職涯初期要保有耐心及開放的態度，致力於建立能力、經驗和人脈。葛林觀察後得到的結論是，在達到成功前總會歷經十次考驗九次犯錯，你必須經過試煉來確認真正的熱情所在、找尋職涯的道路，並邁向最終目標。他主張，大家應該在職涯初期就要懂得分辨，有哪些機會在招手，對此該如何反應、該注意什麼、該把動力放在哪裡、該聽從哪些建言，以及選擇該吸收的內容❽。

當我們想到處於職涯第一階段的人，總是特別景仰那些成功的年輕企業家。他們似乎才剛踏入職場，就已經找到熱情所在，並且擁有很棒的想法。有些觀察者甚至懷疑，他們是不是只是單純地很幸運罷了。

實情其實比上述的臆測更複雜一些，我到現在也還沒見過用第一個想法就成功的創業家。每個創業家都曾與質疑的聲浪搏鬥，也都曾做出莫大的犧牲。

讓我們來認識一下亞歷克斯・懷特（Alex White）。

簡介：成功的美妙聲音

姓名：亞歷克斯・懷特

年齡：二十九歲

身分：Next Big Sound 的執行長與共同創辦人（目前為潘朵拉音樂的一部分）

最佳落點：數學運算、數據分析與音樂的交會點

亞歷克斯是 Next Big Sound 的執行長，二十九歲的他聲勢看漲，他會成功自有其道理。他的創業公司主要分析音樂產業的消費者數據，最近被潘朵拉音樂（Pandora Music）收購，市值估計五千萬美元。對於亞歷克斯來說，這是令人難以置信的回饋。這一切來自他十二年以來的努力，堅持一個不被看好的產業：音樂商務。

「本來我想當一個搖滾巨星。」他笑著說。做為一名職業大提琴家的兒子，他始終記得自己是在被音樂圍繞的環境下長大。十幾歲時，他同時在貝果店和錄音室打工，好在午夜到凌晨五點之間使用錄音室，錄製屬於自己的音樂。「我意識到，我不喜歡在人群中表演自創曲。所以，如果我不能當搖滾巨星，那麼，我會想要發掘搖滾巨星。是時候該將焦點從成為巨星，轉移到音樂相關業務方面的工作了，我的夢想是在唱片界工作。」

身為一名年輕學子，亞歷克斯對於數學和作曲都很擅長。他進了西北大學，因為這裡有世界頂尖的音樂及商業課程。很快地，他將目光投注到一家大型唱片公司的實習工作上。「我有一個朋友在環球音樂實習，基本上我就是不停煩他，直到他把我介紹給有權責讓我進入公司的人為止。我得到在環球音樂紐約辦公室的實習機會，並在摩城唱片（Motown）部門工作。」

他持續磨練自己在電台節目製播、籌辦活動，以及安排通告的能力。每天從午夜到凌晨兩點半，他都會播放屬於自己的嘻哈廣播節目，並帶領大學音樂節目委員會，以及與活躍於校園的藝人預訂演出行程。做為環球唱片的實習生，他專注於向公司高層學習。「我不斷拜託他們給我五分鐘的時間，問他們：『你是怎麼辦到的？』」

他預期聽到的故事，是在公司收發室中拚命工作，並且花好幾年來償還債務。但他真正聽到的故事，卻令他感到驚訝，「許多人很早就開始製作屬於自己的音樂，並且賣給環球唱片。」他說。「那是我第一次發現，自己需要開始做些什麼。我一直以來都在製作和銷售，卻從來沒有聽說過『創業』這樣的名詞。」

他開始閱讀有關音樂產業的一切。可是，2005 年的經濟極不景氣，讓以製作唱片起家的事業成為不可能的任務，但這就是靈感來的時候。「如果我想簽樂團，而和我一起工作的其他實習生都想成為唱片業大亨，或許我們可以一起架一個網站。在這個網站上，每個人都可以製作自己的唱片，而我們可以透過社群媒體來追蹤你何時會聲名大噪。」這是 Next Big Sound 的第一次改頭換面。這就像是音樂版本的「夢幻體育」（fantasy sports）用戶，可以利用自己的直覺，來預測哪位藝人會有突破性的發展。「我那時候認為，這是有史以來最棒的想法，更異想天開地擔心，有人跑在我前頭怎麼辦？」他找了兩個技術支援的共同創辦人，三個人一同以這個概念為基礎，開始為期三年的拓展。

當時，亞歷克斯正就讀大學四年級，他得到紐約一家顧問公司的工作機會，並且預計在秋季到職。他與共同創辦人約定好，如果他們能籌到三萬美元就辭職，全心投入屬於自己的事業。「我不斷推遲紐約顧問公司所提供的工作到職日，把從公司手中剛拿到的一萬美元簽約金，全數投入 Next Big Sound。」

透過人際網絡的加持，包括學校的創業課程教授，亞歷克斯總共募得了兩萬五千美元，足以說服團隊成員，讓大家願意擴大經營。他動用了一些資本，來償還紐約那家顧問公司所給的簽約金，並且拒絕了他們提供的工作機會。「顧問公司的人都以為我瘋了。」他回想起當時的情形。一星期後，2008 年的大環境已經徹底崩壞，那也正是亞歷克斯和團隊急欲籌到十五萬美元資金的時候。

他拒絕了一份穩定的工作，還在糟糕的市場環境下貿然投資。當我請他回溯當時的想法時，他只是聳聳肩。「我一直認為，如果當時接受了紐約那份工作，而由別人來執行這個創意，那我寧可自我了斷。錯失這個機會，我會活不下去。我每天驚惶失措地，一醒來，就搜尋是否有人已經實現了這個想法。相對而言，顧問公司的工作機會永遠都在，實在不用急於一時。」他看起來若有所思。「我在乎的不是面子，而是，這真的是當務之急。」

接下來的幾年充滿了挫折。他們在 2008 年向位在科羅拉多州的創業育成中心 TechStars 提出申請，但遭到拒絕。他們的網站上有成千上萬的樂團及用戶，但網站的造訪人數卻愈來愈少，僅存的一點錢也漸漸燒光了。「我們受到很大的打擊，幾乎撐不下去。每週僅剩二十美元的預算用於食品雜貨，以及四十美元用於週末要喝的啤酒。」亞歷克斯說。隔年再次申請 TechStars 時，事情變得更加複雜。申請雖然獲得批准，但他們卻意識到，Next Big Sound 原先的理念已經不是他們想追求的了。幸運的是，TechStars 通融他們，讓他的團隊用往後幾週來找出他們的下一步。

「我們在第一個月內嘗試了好幾個不同的想法，並且開始收集一些數據。我們觀察到，音樂產業並非只是盯著上線人數或追蹤 CD 銷售量。我們推出了 Next Big Sound 的基本版，運用螢幕擷取關鍵字查詢程式，希望藉以找出對音樂產業專業人士來說可能有用的內容。」社群媒體指標平台時常被忽略，而亞歷克斯發現，它可以讓人深入了解各家經紀人、唱片作品以及相關人才。當這個想法確定後，一切就進展得快多了。他們募到了一百萬美元，團隊成員也成長到六人，之後又增加到九人之多。亞歷克斯和其他共同創辦人終於能夠支付自己五萬美元的薪水。獲得首輪高達六百五十萬美元的投資，讓 Next Big Sound 得以擴張到本來規模的兩倍，並且開始與樂團直接合作。

2015 年 7 月，Next Big Sound 被潘朵拉音樂收購。亞歷克斯謙虛地說出，「運氣」在他的成功中所扮演的角色：「我們所經歷過的都太可怕了」，他一邊說，一邊搖頭。「如果你是為了要登上富比士企業排名前三十名而決心創業，那並不值得；如果你僅僅想成為企業家賺大錢，那也不要選擇創業；如果你發現令你著迷的事，讓你興奮得睡不著，那才是你應該追求的目標。」

很少人能像亞歷克斯一樣，既是數學天才又是音樂天才，但我們可以從他的故事中學到很多。最讓我感到訝異的部分，是他不可動搖的熱情與開放的態度。他心無旁鶩地努力追求目標，並且不斷修正做法。毫無疑問地，亞歷克斯全心全意地想要讓自己的想法成功，甚至不惜做出一些犧牲。那時他經濟拮据，竟然還拒絕了一份穩定的工作，並將簽約金全數奉還，過著與朋友一起睡沙發，每天只花幾美元的生活。他對建議採取開放的態度，為新想法尋求建議及改善方針。其中功不可沒的幾個人生導師，像是創業課程教授特洛伊・亨尼科夫（Troy Henikoff）與 TechStars 顧問傑森・門德爾森（Jason Mendelson），都不斷挑戰他的想法，將他推向更高的境界。他們幫他處理繁雜的商業模式問題，也教導他實用的商業策略，像是如何謹慎地撰寫電子郵件給投資者或合作夥伴。亞歷克斯十分仰賴他公司的共同創辦人大衛・霍夫曼（David Hoffman）與薩米爾・雷亞尼（Samir Rayani），不論是能力上的投入還是情感上的支持。「他們是跟我一路打拚到底的共同創辦人，也是唯一可以真正理解創業所帶來的壓力和挑戰的人。」在採訪中，亞歷克斯引用了一句很棒的話：「白天應該要小心謹慎地準備，夜晚則留給機會來敲門。」這句話提醒了我們，應該為生活中的因緣際會保留一點空間。亞歷克斯認為，「運氣」是他成功中的重要因素之一，然而他找到音樂與數學間的交會點並非偶然，好運只會偏袒做好準備的聰明人。

成為個人品牌的經營者

無論你追求的是創業還是踏入一般企業，都要運用職涯第一階段來建立良好的工作習慣，同時儲備動力，最重要的就是成為「你個人品牌的經營者」。無論你喜不喜歡，雇主都會不斷地揀選人才，而你如何看待自己的職涯，將決定你是否在他們的錄取名單上。我們可以從如何建立品牌上學到很多，但並不是指任何花招或捷徑。領導品牌都以別出心裁打造的高品質為基礎。華而不實和過度宣傳或許能讓你的商品有短暫熱度，但歷久不衰的品牌，會如實地呈現包裝內的內容。當領導品牌表現不如預期，他們會想出辦法亡羊補牢。

做為你個人品牌的經營者，運用職涯的第一階段，為成功的事業培養良好的基礎與習慣，消息要靈通、參與要熱情、追求卓越、尋求回饋、成為某個層面的專家、學會有效溝通，以及打造正確的價值觀。

對於許多員工來說，他們所獲得的公司訓練，僅止於人資部門完整告知差旅規定是幾個小時，或許再加上一些公司歷史的介紹。如果你想在工作上有所進展，這些一點都不夠。你必須知道公司如何運作，包括公司的起源、立場、獲利方式、關鍵人物，以及未來展望等。如果職前訓練沒有包含這些部分，請將它們列為你進入公司前一百天的功課。翻閱公司的年度報告，如果能研究外部分析師對公司的評估報告更好。喝一杯咖啡的時間，就能藉機詢問公司中的老前輩們或嶄露頭角的新進關於公司的內幕。透過參加俱樂部、團隊或專家網絡來增加參與感，主動參與公司活動、好好表現、逐步建立起自己的職涯生態系統；組織你的聯絡人、社群、關鍵同僚與支持者。

在你的職涯早期，想辦法成為幾個特定議題的專家，讓大家主動向你尋求協助。你所擅長的議題不需要跌破人眼鏡，只要能常被提到，同時又可以藉此發展出一些相關專業就夠了。在我的公司中，我知道只要有運動行銷方面的問題，找丹尼爾就對了；若是有關千禧世代政治主場的相關問題，找伊茲就沒問題；至於有關內容管理系統方面，肯就是我諮詢的最佳人選。有趣的是，他們三人的平均年齡並非是四十八歲，而是二十八歲。他們對於自己所在行的議題都有相當的認識與熱情，且會主動深入研究。他們的專業知識在所有高階管理階層中都有目共睹。

很多年輕人都會問，該如何能與高階主管和客戶有更多的交談時間，因為他們時常認為自己在重要時刻的曝光度不足。然而，事實是，如果他們完全沒準備就參與高階主管的會議，只會被叮得滿頭包。如果你只會坐在會議室裡抄寫筆記或問些天真的問題，這對你的工作並無助益，反而會有所傷害。這只會引來一些像是「那個人是誰，為什麼找他來工作？」或者是「誰提出那樣的問題，我們四年前不就做過這個提案了嗎？」等質疑，這完全與你參加高階主管會議的目的背道而馳。

換個角度想，為什麼不與上司一同找出高階主管或客戶極力想要解決的問題？默默接下這個為期兩周的任務，將問題研究得透徹，並且再三驗證自己的論點，把你的成果製作成簡潔有力的五分鐘簡報，讓它們無懈可擊。與上司討論，找個適當的時間向重量級的公司成員發表這五分鐘的簡報，藉此極力推銷你的能力。專心聆聽別人的意見，每隔幾個月就重複做一次，大家會因為你值得信賴而向你討教關於不同議題的意見，這些人都將成為你的資本。

掌握有效的溝通方式

另一個應及早建立的習慣，就是有效的溝通方式。不論我們身負什麼角色或處於什麼行業，沒有什麼比溝通更能影響別人對我們的看法。把握早期職涯的每次機會，磨練你的溝通技巧。不單單是說話的內容，更要注意表達方式及說話時機，這些都要列入考量。

大多數人的溝通能力都十分糟糕。你其實有辦法成為懂得清楚溝通的少數，說個引人入勝的故事，藉此脫穎而出。為了提升溝通效率，我在指導溝通技巧時，會要求大家事先寫下一份簡短的大綱，即使是沒有那麼重要的討論也一樣。首先，寫下討論的主題。我們的聽眾往往會隨著每封電子郵件和每個會議不同，而迅速改變主題，有時候連他們自己都搞不清楚雙方正在談論什麼。所以，每次都要明確表達討論的內容。然後，寫下你要表達的三個重點，以及足以支持你論點的論述和理由，讓對方相信你，這不僅表示你有自己的觀點，同時又能提出證據支持。最後，寫下你期望對方接下來要做的事。如果你做到了，至少會使你的信息傳遞得強而有力又清楚，這個技能將會讓你領先職場上 80% 的人。

如果想更勝一籌，就得成為一個懂得如何說故事的人。並非每個人都有這樣的天分，但透過練習，我們都能成為稱職的講者。對我來說，關鍵在於應用淺顯易懂且生動有趣的圖片，引起他人共鳴。我喜歡聽播客和 The Moth，也喜歡看比爾・克林頓（Bill Clinton）與史提夫・賈伯斯（Steve Jobs）等人的公開演講和有說服力的演說家的影片。我會透過看錄影，修正自己的演講。反正就是要去仔細觀察、實際演練，並且從中學習。

選擇對的媒介

我最受不了的事之一，就是即使知道自己要傳達什麼樣的訊息，還是選錯媒介。電子郵件是一項偉大的發明，讓大家得以快速傳遞訊息，如實呈現且情緒中立，像是「中午會議將在 7B 室進行」，或是「附件是預算表電子檔」。然而，電子郵件卻是緩解緊張時的糟糕選擇。想一想，在你的一生中，可曾用電子郵件解決過任何既複雜又帶有情緒性的問題？如果你和我以及世界上其他數百萬人一樣，我敢說你曾多次因為電子郵件的溝通，而加劇了內容中的情緒。最容易導致這個狀況的，當然就是按下可怕的「全部回覆」鍵。

重點顯而易見，你不能用情緒中立的媒介來解決情緒性的問題。表情符號能帶來一點幫助，但單就解決棘手的情緒性衝突而言，電子郵件和簡訊仍是很糟糕的方式。這時，還是需要老派的管道，像是打電話或面對面坐下來。你可以透過電子郵件和簡訊來建立關係，但用更人性的方式還是顯得親近些。「哇，這真的是很重大的問題，我們一定要談一談，可以明天早上九點見面談嗎？」聲音的媒介（像是電話）能夠有效解決棘手的問題，因為其中含有一些情感元素。Skype 有時會比只有聲音來得更好，但只有在收訊好的情況下。面對面談話是最寶貴但也最耗心力的溝通形式。如果僅僅為了缺乏情緒的平凡會議，那面對面談話就顯得浪費。直到人類發明更好的溝通方式之前，這將是解決情緒性問題最好的辦法。

最後，我想談的是手寫，即使整個世界都已經邁向數位化，手寫仍占有一席之地。當你沉浮於電子郵件與簡訊轟炸中，想想一張手寫字條所帶來的影響力。至今我仍會寄送應景的明信片、手寫便條或信件，因為這是記錄情感的最好方法。在工作上與生活中，這是多麼好的方式，用來表達「恭喜」、「我們很高興你在這裡」、「謝謝」、「對不起」，以及「節哀順變」。

到了職涯第一階段的某一刻起，你可以開始投入時間和精力來建立自己的聲譽，即使只是在社交平台及業界中。你是否在與業界連結的社交平台上，能帶來有效的發言？其他人會被你的觀點影響嗎？加入企業協會、寫部落格、表達個人言論，都能建立社會聲望、有效提升專業知識，並且擴展職涯生態系統。首先確認自己有打下良好的基礎，再以真材實料的專業能力這項強大的產品，以及任職公司內的良好聲譽做為跳板，更往前進。

在職涯第一階段中，你需要採取幾項較為積極的步驟，來穩固自己的聲譽。有些雇主很樂意給予坦誠且有建設性的意見，然而絕大多數並非如此。你最好為自己徵求意見，並且做出相應的解決之道。找出六到十個在工作中有重大影響的因素，也試著向他人尋求關於你表現與行事作風的建議。許多公司和老闆對於坦白告知員工行事作風的相關意見非常為難。我找到一個相當實用的技巧，相較於具體且具建設性的建議，它更相似於亞里斯多德（Aristotle）所稱的「中庸之道」。亞里斯多德相信，美德存在於兩個極端的中間，就如同勇敢是懦弱與魯莽的中庸一樣。

我發現，這在你要提供雇主對於其領導風格的意見時，也有相當大的幫助，因為你不會直接向雇主傳達「你是一個糟糕的主管」這樣的訊息，而是指出「這是我們在討論的領導面向，你現在達到的水準在這裡，而這是你需要努力推進的目標。」我稱之為「餐巾推手」，因為我總會寫在餐巾或是小紙條上，藉此鼓勵某人更成功，到目前為止，這個做法是有效的。

以下是應用「餐巾推手」的實際例子，關於一名年輕領袖的作風我所給予的忠告。針對她的行事風格，我們一同思考了攸關她前程的幾個層面。然後，我將一個X擺在她各層面所在的位置，並且提議她可以往特定的理想方向前進。隨後，她就可以開始思考具體的做法，藉以修正X的位置，並且定期檢查進度。她被認為是有點怯弱又龜毛的管理者，但偏偏，她又喜歡以引人注目的方式在職場上分享個人私事，這是個反差很大的作法所以這個練習會大大地幫助她提升領導風格。

我發現，當我使用非常簡單的語言和圖像，像是

「堅持己見 vs. 隨聲附和」和「事必躬親 vs. 置身事外」，大家更容易掌握並接受這樣的意見。最後一個「Fort Knox vs. Facebook」是關於在工作時分享資訊的程度，Fort Knox 代表吝於分享，Facebook 則表示過分透露。

了解自己的價值

在職涯第一階段中所要學的最後技能，就是了解自己的價值，並且合理評估自己的付出該得到多少回報。許多處於事業初期的人對於這個話題都想得過於天真且疏於準備。而同事、家人或招聘人員又往往在這方面只會提供糟糕的建議。

我的建議相當簡單。首先，得到的報酬與肯定都與你的付出有關，無關在職多久，沒有人應該因為你在職時間長就給你加薪或升遷的機會。不論是珍妮佛在工作十六個月後加薪，或者下週二你就獲得了工作十八個月的成就，都攸關於你帶給公司的價值。了解別人對你的角色期望，並且出色地達成目標。當你要進行績效及調薪考核時，先從寫下你所有的貢獻開始，其中包含了「實質貢獻與潛在指標」。你是否有為公司開拓新的財

圖 8-1 **領導風格指導**

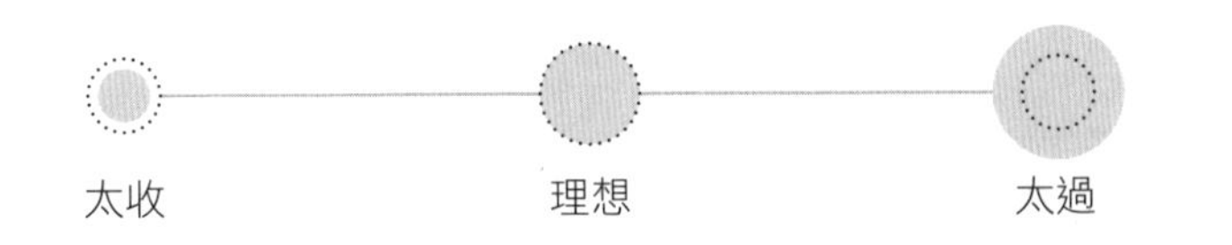

太收	理想	太過
隨聲附和	柔中帶剛	堅持己見
筋疲力竭	活力四射	心狂意亂
事必躬親	熱心參與	置身事外
Fort Knox（吝於分享）	有所選擇	Facebook（過分透露）

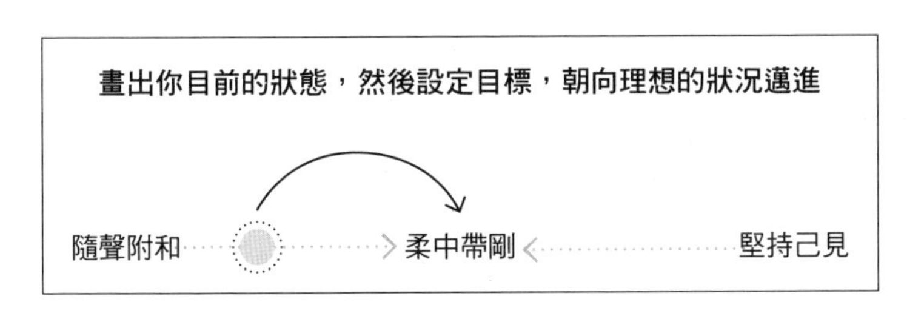

源、開發新的客戶，或是保住公司的資金？有任何證據顯示，你讓客戶更滿意嗎？你是否創造了在未來可能升值的新產品、新創意或新的產品製作過程？或許，你做過什麼事提升了公司的聲譽（發表文章、發表高評價的

演講，或是贏得獎項等）或者是為人才庫引進新血？多多益善，不只講述事件本身，也要細數成果。僅僅做好分內的工作，只能讓你有資格繼續待在目前的職位以及領取現有的薪資。

與你的主管預約一對一的面談時間，如果可以的話，最好也約至少一位你的導師面談。問他們你的優先次序和目標是否正確，也就是對公司真正有價值的工作，而不是一些枝微末節的小項目。同時要記得詢問，相較於同儕你表現得如何，再問問你還能做什麼，在往前進一步之前，還可以付出些什麼嗎？

如果你迫切追求加薪或升遷，想辦法讓自己勝券在握。如果希望獲得晉升，考慮接替你當前工作的人選；如果你表現出色，上司自然捨不得讓你調動，為你的交接計劃提出一些適當的人選，好讓主管支持你的升遷。如果你遲遲沒有升遷機會，與主管一同訂下計劃及時程表，以改變當前的狀況。如果你仍沒得到滿意的答案，想想你的職涯規劃，看看還有哪些其他選擇。但當你看著其他選擇時，仍要以大局為重。在職涯第一階段中，問問自己，什麼能帶給自己最佳的學習經驗與最大的職涯效益，這些都是你在工作中所能得到的正能量。

簡介：與良師益友多多聯繫

姓名：大衛．威爾金

年齡：二十六歲

身分：TenThousandCoffees.com 的創辦人兼執行長

最佳落點：聚集世界各地的千禧世代與商業領袖

一起喝一杯咖啡這樣簡單的事情，所帶來的影響力很容易被低估。這種稀鬆平常的例行公事，不會有隔閡，並且不帶有任何壓力。它有助於在非正式場合輕鬆分享想法及交流資訊，是能夠帶來極大潛在效益的會面形式。

對於大衛．威爾金（David Wilkin）來說，與創業家兼導師米亞．皮爾遜（Mia Pearson）喝一杯咖啡，成為他開創事業的推手。「我在一個小鎮長大，沒有任何人際網絡能幫助我達成我想做的事。所以，當我結束學業，我寫了幾封電子郵件，給好幾位不同業界的領袖，詢問他們是否願意一起喝杯咖啡，談談是否有什麼機會可提供給我。我其中一封寫給北安大略省的同鄉米亞，因此我們才有這麼棒的交流機會。」他說。「它成為我能想像得到的最好機會，僅僅發生在喝一杯咖啡的時間內。」

「喝杯咖啡的短短五分鐘，米亞讓我完全清楚下一步該怎麼走。」大衛在最近的訪問中提到，他相信喝杯咖啡是推展事業最好的辦法，所以他想要幫其他年輕人學會用同樣的方式得到機會。大衛是全球網路平台 Ten Thousand Coffees 的創辦人兼執行長，這是一個免費的社交網站，將年輕人與專業人士聯繫起來，並邀請雙方透過一杯咖啡，交流想法和建議。「這是一個全球的社會實驗，我將數百萬人的千禧世代與公司和教育機構連結在一起，創造連結、開啟對話、促進交流。」

Ten Thousand Coffees 中現在活躍的使用者遍及超過 25 個大城市，可以連結到的導師型領導者也愈來愈多，包括各大公司的執行長、科學家、太空人、影視界名人、銀行家，甚至連加拿大總理賈斯汀・特魯多（Justin Trudeau）都在其中。該平台中想要與下個世代的人才與客戶連結的公司，超過 1,000。不像是大型徵才博覽會，一起喝杯咖啡提供一對一的互動，造就了高品質的連結與深刻的指導關係。「這就是這個概念所要傳遞的訊息，讓今日與來日的領袖更容易見到彼此。」他說，為了要做到這一點，才必須著手處理大衛認為已失去效用的師徒制。

「每個人都知道，有人指導是非常重要的事，然而現行的模式卻是無從擴展也無法延續，只會限制人們只能在現有的人際網絡中與志同道合的人交流。」他在最近的部落格貼文中寫道。「Ten Thousand Coffees 正在改變現況，我們將傳統的師徒制搬到了二十一世紀，這是雙贏的做法。因為 Ten Thousand Coffees 旨在創造可能存在也可能不存在的機會。」大衛的 Ten Thousand Coffees 平台，實質上是一條雙向道。它讓尋求建議的年輕人與領導專家得到解答。藍籌公司（Blue-chip companies）覺得運用這個平台是很好的方式，除了緊密結合內部員工間的關係，還能將研究創新和產品開發項目結合，也能增進公司中的高層主管與年輕職員的交流機會。校友會也會利用 Ten Thousand Coffees 平台，保持機構與各校友間的聯繫，讓在校生與校友相互連結互利。

大衛設法運用數位工具，得到面對面交談的真正價值。多虧有這個平台，讓不容易有交集的人見面變得容易。年輕的學員能透過平台搜尋，找到能提供相關建議的專業領導，讓他們能簡述自己的背景與所尋求的建議。平台讓雙方得以方便聯繫、安排會面或通上電話。大衛不是第一次將科技連接至社群，在高中時期，這個自稱數學與科學怪胎，便曾創建了一個將學校和校友連結起來的網際平台。

儘管在三十歲前已經成為創辦人兼執行長，但來自加拿大偏遠小鎮的大衛，有個微小的心願從小萌芽，就是成為家中第一個上大學的人。他夢想著在大城市追求理想，也知道教育是美好未來的入場券。他花了一整個夏天撰寫獎學金申請書，也被滑鐵盧大學（University of Waterloo）以全額獎學金錄取，並主修生物化學。

在他成為大學生的第一個暑假，學校可以保證給他的唯一工作是成為最低工資的洗碗工。他自認可以挖掘更多有趣的機會，於是申請青年政府發言人並獲聘。藉此，大衛針對加拿大青年的需求做了研究，並為他們向立法者發聲。他開始與公司建立關係，並且學習公開演說、公關，以及溝通能力。從一開始，大衛就在培養能派上用場的技能與人脈。

在大三那年，他與人生導師米亞，共度了一次決定命運的咖啡時光。「那一刻，她看到機會的來臨，她打斷我的話並說：『你需要創一家公司。』事實上，她是說：『直到你開公司之前，我都不會再和你交談，放手去做吧！』」

不久後，大衛離開校園，並且開始全心投入創辦自己的公司，家人和朋友都感到震驚與困惑。「他們想知道，我是不是瘋了。」大衛回想，但他當時已經準備好要放手一搏了。人生並非直線，而是不可預測的，你無法在課堂上學到如何抉擇，親身經歷才能體會箇中滋味。最棒的工作往往在你停下手邊的事情沉澱時才會浮現。大衛的第一家公司是行銷公司，主要協助企業與政府部門，改善對於千禧世代的行銷手法。兩年後，大衛知道，只要在自己的行銷公司努力工作，就能過著體面像樣的生活，但他想要打造更有野心且更長遠的事業，而這就是他以 Ten Thousand Coffees 的概念，來打造事業的時候。

對大衛來說，專注於提攜後進是他職涯中重要的事，這也讓他得到難以置信的回饋。「年輕一代就是未來，對於公司來說，在未來五年內超過 50% 的勞動力都來自千禧世代。各大品牌也都因此花費數百萬美元於數位及市場行銷，世界各地的政府也都面臨到年輕世代才是選舉的關鍵選票。」他表示。「當你看著那些事，會意識到讓年輕人有更好的方式來表達想法、學會觀察，並且踏出第一步，有多麼重要。」

大衛現在的目標是要把 Ten Thousand Coffees 帶入每所學校、每家公司以及每個地區，幫助下個世代接觸到幫助他們成功的推手，他認為成功應該以人們想解決的問題大小來衡量。「有很多重大問題都需要解決方案。」他說。「善用機會！找出對你來說，如果解決不了就會讓你忍不住落淚的問題。」

大衛的故事為職涯的第一階段拋出許多思考課題，他並非生來就擁有人脈或職涯生態系統，但他為自己創造了一個。他替自己開創了機會，才得以加入這場事業戰局中。他培養共通能力，也成為了別人在某些重要議題上會尋求協助的人。他找到自己的導師，選擇冒險，逐步將自己的夢想實現。他並非一開始就找到職涯的方向，卻能夠持續探索，學著適應並且堅持到底，這些都是在職涯第一階段厚植實力的證明。

9

第二階段：大展身手

以優勢為根基。

——彼得・杜拉克（Peter Drucker）

誠實面對自己。

——波洛尼厄斯〔Polonius，莎士比亞悲劇《哈姆雷特》（Hamlet）中的人物〕

第二階段大約起始於踏入職涯的十五年後，機會以及所產生的焦慮，也和以往不同。職涯的高峰在哪兒？我該如何朝下一階段前行？該如何找到自己的定位，同時又不會因為一成不變的工作而感到厭倦？在沒有增加工作時數、破壞生活品質的先決條件下，我能如何提升自己的影響力？在第一階段打好的基礎，該如何昇華讓回饋更有意義？職涯第二階段是該認清、培養，以個人優勢為賭注的時候。你必須學會擴大經營規模，才能放大自己的影響力。職涯第二階段中的成功領導者會出色地完成工作，使熱情所在與核心優勢相得益彰，並且儘量不去顧慮自己的弱點。

如果職涯第一階段是在探索自己的定位，那麼，第二階段便是你下定決心的時候。不斷重複問自己三個問題，這並不容易回答：我擅長的是什麼？我熱愛什麼？我備受肯定的能力是什麼？

開創差異性與培養專業度

在職涯第一階段中，我們談到奠定專業技術、累積共通能力，並且成為大家遇到特定問題就會想去求教的對象。職涯第二階段關鍵在於創造差異性。作家身兼杜克大學（Duke University）教授的多莉・克拉克（Dorie Clark）建議我們積極展露頭角。麥肯錫（McKinsey）諮詢公司不斷在人才簡介中找尋出類拔萃的工作者，也就是「能力和熱情都遠高於平均的人」。

我在職涯中最喜歡的一個時刻，就是當我的員工凱西・瑞恩（Kathy Ryan）有一天走進辦公室，說她任命自己為公司的CEO，並且拿出名片證明的時候。這其實是有點放肆的舉動，因為凱西是我公司中的業務主管，所以，理所當然我才是這家公司的執行長。凱西很快做出解釋，要我不用擔心，因為名片上所印的CEO，代表的是行政主管（Chief Execution Officer），而非執行長（Chief Executive Officer）。經過長時間的歷練與反思，凱西發現自己真正駕輕就熟的本領在於「執行力」。其他人可能會選擇更令人嚮往的道路，但凱西知道自己的天賦就是把交辦事項好好完成。她驕傲地四處宣傳自己的專長，這也為她的職涯帶來極大的幫助。大家都知道遇到執行方面的問題時該找誰，凱西就是首選名單。凱西現在已經正式退休，但仍是我見過最搶手的顧問。她在佛羅里達打高爾夫球打到膩的同時，仍有大排長龍的雇主，從德州排到巴黎、甚至到開普敦，捧著大把鈔票想聘請這位執行大師。

羅伯・葛林（Robert Greene）曾針對每個人的專業技能，以及它在職涯中的重要性有大多，發表有力的文章。他在文章中表示：「在二十多歲甚至三十多歲時，我們可以在工作中表現得很出色，即使這份工作並非我們的熱情所在。這時，我們年輕充滿活力，成就感通常來自工作之外。但終究我們與該領域缺乏深刻連結的感受會浮上心頭，這通常發生在四十多歲的時候。漸漸地，我們愈來愈感到缺乏參與感、沒有挑戰性。我們與生俱來的創造力已消耗殆盡，無法注意到工作領域瞬息萬變，因為我們已置身之外。年輕、有創意、低薪的人，很快就會取代我們。」

葛林補充說，精通專業技能的祕訣就是求知慾和善用時間。「我們都知道，當我們有動力時學習會多麼深刻。如果有一個主題讓我們感到興奮、激起我們強烈的好奇心，或者是賭注太大讓我們不得不好好學習時，我們會全神貫注、吸收快速。如果我們身在法國或是突然愛上不太會說英文的法國女性，在幾星期內就會學得比四年法文課程還多，不論法文課的老師有多厲害都是如此。我們專注的程度，將會決定學習的深度。」

葛林認為專業技能並非天生，當我們將高度專注乘上足夠的時數，就可以精通所有事情。他深信精通專業技能需要大約一萬小時，如果追求的是更高深的境界，就甚至需要兩萬小時。「當我們長時間致力於一個領域或一個問題，就意味著不可避免地會有無聊的時候。尤其是一開始的反覆練習，一點都不會讓人感到興奮。若想撐過這段時刻，你必須要熱愛這個領域。基於探索與發現新事物的期待，你會感到興致勃勃，否則，你就會放棄。沒有熱情就沒有專業技能和前進的動力。根據我所有的研究，這一點我十分肯定。」葛林如此說。

葛林繼續引用了幾個歷史案例，包括達爾文的物競天擇論、愛因斯坦的相對論、托馬斯・愛迪生（Thomas Edison）和電燈泡的發展、亨利・福特（Henry Ford）和T型車、約翰・柯川（John Coltrane）及他所開創的革命性音樂，以及瑪莎・葛蘭姆（Martha Graham）和她的現代舞創作等。當代有個很好的例子，便是賈伯斯，他從小就著迷於科技和設計，他在蘋果公司度過的第一階段是漫長的學徒訓練，接著又到NeXT公司磨練，透過失敗經驗汲取寶貴的教訓。當他在1996年再回到蘋果公司時，已經掌握了難以言喻的能力，也搶在他人之前感應到科技發展的趨勢。你對理想的渴求乘上投入時間的多寡，就是成功的關鍵。這樣的公式可以套用於藝術家、運動員、西洋棋手、發明家、生物學家，以及其他任何領域❾。

托德・赫爾曼（Todd Herman）絕對有資格被稱為銷售大師。他雖然不是以銷售起步，但漸漸以此發跡。他的故事說明許多專業技能與差異化的原則，都是在職涯第二階段相當重要的部分，讓我們一起來認識托德：

簡介：別看輕自己的價值

姓名：托德．赫爾曼

年齡：三十九歲

身分：The Peak Athlete 的執行長，同時也是「世界最佳銷售員」得主之一

最佳落點：選手教練與經營績效的交會點

職涯中的某些時刻，會時常在你腦海中浮現。對於托德來說，在 2010 年坎城廣告節中所舉辦的世界最佳銷售員比賽中勝出，並且獲得 Facebook 創辦人馬克．祖克伯（Mark Zuckerberg）道賀，便是其中一個例子。在 2010 年初，我的公司為了搜尋全球最佳銷售員舉辦了一場比賽，藉此使大家更加了解二十一世紀的銷售藝術。我們向世界各地的銷售人員發起了一項公開挑戰：製作一隻最有說服力的兩分鐘 YouTube 影片，宣傳一塊普通紅磚所帶來的益處。在數千件參賽作品中，滿是附上與現代銷售相關短文的精采影片，由十名銷售和營銷龍頭所組成的專家小組來評分。托德是三名決賽入圍者之一，被選中飛往法國南部，向坎城廣告節的現場觀眾推銷新科技產品。他的銷售技巧獲得最高票數，並且贏得了世界最佳銷售員的頭銜。

他出身自加拿大農民，童年時期都在父母的阿爾伯塔省郊區牧場上餵雞和騎馬，對托德來說這場不真實的勝利，是他多年來不斷磨練與精進銷售技巧的成果。許多人都認為這是一條非正規的事業道路，但時至今日，托德發揮自己的影響力，成為激發他人努力的動力。他是全球公認的績效教練，支持運動員和公司企業追求自己的口號，變得更強、更快、更好。

長大後的托德個性依舊溫和，他的第一份工作是餐廳經理，這使他無往不利。有一天，有位客人建議他嘗試市場銷售，於是托德開始對此產生好奇。「我的父親總說，如果你要投入一件事，就要找出箇中好手並與他們並肩努力。當時的銷售龍頭不是IBM就是全錄（Xerox）。」托德向兩家公司提出申請，但都相繼遭到拒絕，他很失望，但並未受到太大的影響。「我提出了一個為期三個月的計劃，並且說服了全錄公司，讓我進到已經岌岌可危的印刷部門工作，薪資全靠抽佣。我信心滿滿，勢在必得。」

然而，結果卻不如預期，事實上，他一敗塗地。他發現，透過擔任餐廳經理的經驗所學來能言善道、善於交際的能力，並不能直接轉換為推銷能力。全錄的老闆甚至稱托德為「職涯中最大的敗筆」，這是托德職涯中的低潮之一。「我學到極為珍貴的一課，就是傾聽比述說來得重要。」他說。「我必須學會閉上嘴巴也能賣出商品。」

在二十多歲的時候，托德讀了哈維・多福曼（H. A. Dorfman）所寫的《心理競賽教練法》（*Coaching the Mental Game*），這是一本講述心理狀態與運動表現之間關鍵聯繫的書。托德發現，他有機會運用自己的銷售能力來激勵他人，因而成立了一家名為 The Peak Athlete 的教練公司，專門指導年輕運動員，讓他們在精神、情緒及體能強度上都變得更強壯。他發現這種教練風格，不僅對運動員來說很有價值，對企業而言也是如此。「我有些客戶是運動員，他們父母開始請我訓練他們的人力，特別是客服和銷售團隊。」

托德藉由向最好的業務人員學習，繼續磨練自己的銷售和教練技巧。在聽完一場吉米・羅恩（Jim Rohn）的演講後，托德開始接近這位備受推崇的作家兼激勵演說家。托德詢問吉姆是否能跟他一起工作，即使是在不支薪的情況下。他也用相同的方式，獲得與哈維・多福曼（Harvey Dorfman）共事的機會（哈維是培訓多名一流運動員的知名教練兼導師）。「我提出要無酬為哈維工作。」他回憶說。「我在北卡羅來納州為他工作了一個月，觀察他的一舉一動，學習他的談判技巧以及與客戶的合作方式。」

托德的事業蒸蒸日上，至今，除了運動員教練業務，他也指導並投資尋求更高績效的新創公司。不斷向內探究自己的本業，並持續在相關活動上發聲，為的是不讓自己脫節、保持對事業的敏感度。他深信「能力衝刺」的效益，也就是定期運用九十天的循環，集中強化一個特定能力。這也反映了托德對成功的理念，這是一個不斷改善自己的連續過程，或者以他的話來說，就是「擁有大夢想，邁出小步伐。」只要保持向前衝的氣勢，即使面對挫折，你仍會持續取得成功。「有些事情會失敗。」他說。「你不能美化失敗，但是你可以決定是否從中學習。」

托德將餐廳工作及多次遭拒的經驗，轉化成一份成功的長遠事業，他探究專業領域的努力程度，每每都讓我感到驚奇。他不斷地在嘗試新的假設，就我所知，他為世界最佳銷售員比賽製作了三支 YouTube 影片，並且聘請由行銷從業人員所組成的專家小組先行考核，最後才將考核最優的作品送出參賽。我們可以學習他追求卓越的態度，也能從他向高手求教的方法中汲取經驗，讓他們輕易地、甚至免費地將畢身所學教給我們。如今，托德的最佳落點，已經從運動員表現教練，拓展到業務表現教練。

托德從頭到尾採取了比較迂迴的路線，接著，對比一下瑞秋・摩爾（Rachel S. Moore）的職涯之路，看看她是如何靠著舞蹈躍進董事會中。

簡介：從巴瑞雪尼可夫（Baryshnikov）到董事會

姓名：瑞秋・摩爾

年齡：五十歲

身分：美國芭蕾舞劇團前執行長，現任洛杉磯音樂中心董事長兼執行長

最佳落點：藝術與經營管理的交會點

瑞秋出生於美國加州的戴維斯，父母皆為經濟學家，她在十幾歲時就已經是滿懷抱負的專業芭蕾舞者。瑞秋在十八歲時遇到事業上的第一個交叉路口。知名「美國芭蕾舞團」（American Ballet Theatre）邀請她到紐約，成為巴瑞雪尼可夫・米凱爾（Mikhail Baryshnikov）旗下的一員。她應該留在加州就讀大學，還是到遙遠的紐約當專業舞者？她有些家人很擔心，「紐約太嚇人了，妳注定會失敗。」

最後瑞秋選擇了舞蹈、巴瑞雪尼可夫以及美國芭蕾舞團。

做為一名芭蕾舞者，瑞秋的事業初期可說是一帆風順。直到二十四歲時，她的腳踝嚴重受傷，且隨著不間斷的疼痛，她僅能以 95% 的能力演出。面對這樣的景況，她知道自己必須離開芭蕾舞者的生涯，重新追求新的目標。但她能追求什麼呢？由於已經二十四歲了，絕大多數傳統頂尖大學都不願意讓她入學，只有布朗大學（Brown University）比大多數的學校開放，為她提供了就讀哲學系的獎學金，然而並非家中的每個人都認為這是個好主意。她知道自己仍想為藝術工作盡一份心力，或許成為一名為藝術發聲的律師是不錯的選擇。但她的律師朋友給她忠告說：「如果妳真的想要影響藝術家和藝術領域，那就從經營管理層面下手。與藝術組織合作，使其成為經營完善的企業，讓旗下的藝術家能隨心所欲地自由發揮。」

所以，瑞秋申請了商學院，並在哥倫比亞大學取得藝術管理碩士學位。接下來的十年間，瑞秋在華盛頓特區和新英格蘭擔任藝術行政主管，建立初期事業。為了支付自己的日常花費，她協助市長將藝術融入社區、經營一家小型芭蕾舞團、在古典音樂學校指導有色人種小孩，並在波士頓芭蕾舞團工作。瑞秋也在過程中學到一些艱苦的教訓，像是必須低聲下氣提醒廠商付款不得有所延遲，因為她的藝術機構完全沒錢。她告訴自己：「這樣的經驗可以讓人認清自己。」最令她難過的教訓之一，便是某位董事會成員與員工，因人力爭議而引發嚴重的爭執。「董事會沒有做出正確的決定，我因此失去信念，必須找到下一個方向。」

當美國芭蕾舞團再次找上她，並且聘請她成為執行董事候選人，瑞秋的職涯才開始邁向成功。這個舞團正是瑞秋二十年前以專業芭蕾舞者身分首次登台的地方。在美國芭蕾舞團的工作雖然龐雜，但有好聲譽，同時標準也相當苛求。工作預算為 4,500 萬美元，員工人數為 700 人，組織正面臨嚴峻挑戰。瑞秋是個黑馬型的候選人，她不只是最年輕，也是美國芭蕾舞團從未聘請過的女性（或前任舞者）進入高層。她贏得了職位，並在往後十一年半的時間努力地、穩固地打造舞團。為了讓能力更加純熟，她參與史丹佛大學商學院研究所的非營利領導獎助課程。「我在美國芭蕾舞劇團的那段日子，深深受惠於兩項個人特質。我作風強勢，同時有敏銳的商業頭腦，能幫助舞團進行內部協商；另一方面卻也心思細膩，能欣賞這些藝術家和他們的創作。」她最驕傲的時刻之一，是支持米斯蒂・科普蘭（Misty Copeland）成為美國芭蕾舞團史中首位非裔首席女舞者。」

瑞秋的事業旅程仍在持續中，在過去一年，她完成了著作《藝術家的羅盤》（*The Artist's Compass*），2016年由試金石出版社（Touchstone）出版。她也接下了新的角色，擔任洛杉磯音樂中心的董事長兼執行長。瑞秋靈活掌握商業經營與藝術領域的交會點。她經常指導年輕藝術家，教導他們基本的生存能力。她表示：「在過去，茱莉亞音樂學院等一流學校的頂尖畢業生，會在管絃樂隊中找到一份有協會保障的工作，然後就此安定下來。過去的世界是一個提供保障與明確發展的權力結構。如果你加入其中，那往後就沒問題了。」如今，即使是茱莉亞音樂學院的頂尖畢業生都前途茫茫。其實，未來可以多元發展，所以，沒有創業精神的藝術家就會感到非常痛苦。瑞秋不願看到的是，藝術家不是因為作品不好而失敗，而是因為不懂得自我行銷。瑞秋總是問有抱負的藝術家：「你正在做的事有什麼影響力？這個世界為什麼要在乎你的作品？」她鼓勵年輕藝術家挑戰自己所做的假設，思考如何在藝術領域中有穩定的生活。「花費二、三十萬美元在前五名的藝術學校拿到學位之後，你要怎麼表現自己的價值？如果有幸成為明日之星，投資報酬率自然不在話下。」但瑞秋認為，其實不需要賭這麼大，「找找優秀而且適合你的課程或老師，不一定要去一流大學，老師和課程才是一切的主體。」

瑞秋認為，表演工作者同時兼職服務員不是好的事業規劃。她覺得這意味著「失敗或分心的表演工作者」，而不是「真正的表演事業」。她鼓勵年輕藝術家去尋找可以讓他們保持在藝術環境中的相關工作。她傾向於老師或伴奏這樣的工作，一方面可以領到穩定像樣的薪水，另一方面又能接近自己的熱情所在。瑞秋也督促藝術家加強行銷技巧，建立自己的電子商務系統，管理自己的財務，這些都是有抱負的藝術家該有的關鍵技能。你真的需要住在紐約、倫敦或洛杉磯來追求這一切嗎？視覺藝術家在底特律已經有蓬勃的發展，且當地的平均房價低於兩萬美元。

對於不只渴望成為藝術家，也期望成為藝術行政管理高層的人，瑞秋提供了以下建議：「了解你的財務狀況，這是大多數藝術組織的致命弱點。懂得損益表、預算，以及成本控制。此外，知道如何增加收入，而不只是被動等待。你的第一大任務，就是要為組織賺取或籌募資金。與人交際並非世俗，而是必要。你並不需要成天打擾或者央求別人，而是讓其成為互利互惠的交易行為。」瑞秋繼續說道：「向多位導師學習，不要局限眼前的領域，而要放眼更大的世界，想想我們可以從其他領域學到什麼？不要過河拆橋、保持友善、包容，這也是我在將近十五年後，能回到美國芭蕾舞團擔任高層主管的原因。最後，不要在藝術家去嘗試前就告訴他們會失敗，他們都不再是小孩子了，市場機制會告訴他們答案。」

我總是對在職涯中期就找到最佳落點的人感到好奇。去年一月，某個寒冷的週末夜，我與妻子和其中一個女兒徒步逛了哈林區（Harlem）。一路上，我們三個人和其他來自美國、英國、澳大利亞等十幾名勇敢的旅客，一同拜訪了哈林區傳說中的爵士樂時代特區。夜幕低垂，我們駐足了六間爵士樂酒吧、餐館和俱樂部，體會哈林區交融現代與傳統的爵士樂。當天晚上，由戈登（Gordon）招待我們，並且擔任嚮導。幾杯雞尾酒下肚後，戈登說起他的人生故事。他原先是名餐廳老闆，但經歷起伏和令人沮喪的失敗後，才找到真正想做的事：「和世界分享摯愛的爵士文化」。他成立了一家名叫 Big

Apple Jazz 的公司，現在每年都會籌辦大約 200 天的導覽行程。他的爵士旅遊團被評為到紐約必做的事情之一。哈林區的音樂不只是戈登的熱愛，同時也是他所擅長的，全世界都願意付費來體驗這份熱情[10]。

查克・里斯（Chuck Reese）也是在哈林區起步，如今已經向前邁進。查克從基層的工作做起，開創自己的事業，如今已經進入職涯第二階段，正面臨獨資經營者都會遇到的困境：「要如何不靠加長的、磨人的工時就能平穩地拓展自己的事業？」讓我們來認識查克・里斯（Chuck Reese）。

簡介：命運之門的關與開

姓名：查克・里斯

年齡：四十五歲

身分：平面設計師身兼 CR Media 的老闆

最佳落點：對機會的直覺與鑑賞好設計的眼光

手腕碎裂通常不會被認為是件幸運的事，然而對查克而言卻是如此。這位水牛城州立大學（the Buffalo State University）的籃球隊員不僅不愛讀書，也因交友不慎惹上許多麻煩，他在街頭染上的壞習慣，似乎遲遲戒不掉。

對查克來說，這次受傷迫使他反省並重新思考人生方向。童年時期為了在毒品與暴力的環境中生存而學來的技能，只會害他離夢想愈來愈遠。從朋友的遭遇中他也了解，照目前的路繼續走下去，只會換來更險惡的前景，「最後不是坐牢就是橫死街頭，」他還記得當時曾這麼想。他從小生長在不斷否定他的世界，像是高中的校內行政人員就篤定他上不了大學。查克僅在剛出生時見過生父一面，當時，生父當著他和媽媽的面，「砰」一聲把門甩上。查克很難不屈服於殘酷的現實，但他是個天生的創業者，擁有豐沛的求知慾及堅韌的意志力，這樣的特質讓他在球場上無往不利，他知道該是改變的時候了。

這並不是查克第一次做出極端的人生抉擇。母親在十六歲時就懷了查克，為了要讓他遠離鄰近社區帶來的負面影響，他在十來歲時就被送去與住在維吉尼亞州里奇蒙（Richmond, Virginia）的阿姨同住。他的母親拒絕讓他回家，直到他「對未來有了某種規劃」為止。在與表弟共同歷經無數場球賽奮戰之後，查克忽然察覺到自己應該用更嚴謹的態度來看待籃球生涯。他於是下定決心，前往門羅社區學院（Monroe Community College）展開為期兩年的學生生活，參加籃球校隊，準備贏得當季區域錦標賽。隨後，他轉到水牛城州立大學繼續打球，直到手腕受到無法挽回的傷害，一切才嘎然而止。

籃球生涯結束令查克感到希望的門再度無情地甩上，他只得再次思考下一個人生方向。一名球隊隊友建議他參加影片剪輯課程，將錄製影片這個興趣經營成事業。查克心想：「或許我會成為下一個布萊恩・貢貝爾（Bryant Gumbel）。」他很快愛上了傳播媒體，於是轉到傳播學院學習，積極投入傳播媒體的世界。

畢業後，查克四處碰壁，存款僅剩300美元，唯一求職成功的經驗，是在朋友位於紐約長島的新創製片公司，不過維持得不久。儘管如此，查克總能將自己的經歷講得天花亂墜，「這就跟在街上賣東西一樣，如果你有辦法把毒品賣出去，那就沒有什麼是你做不到的」，他以個人的獨特魅力解釋著。後來，查克因為覺得自己的工作太卑微而辭職。「我不斷看到有人使用筆記型電腦，穿著體面，收入又比我高，我也想變得跟他們一樣。」

由於眼前別無選擇，他只能到臨時工仲介機構工作，內容是協助辦公大樓內的培訓事宜。他存了一筆錢，買了筆記型電腦，並且開始學習 PowerPoint、Excel 和 Photoshop 等軟體。每個漫長的傍晚和週末他都在書店走道間度過，一本接一本慢慢地讀著書，身旁堆滿一堆買不起的平面設計軟體書籍。他的下一份臨時工作是他期待已久的機會，與紐約大型廣告公司之一「天聯廣告公司」（BBDO）合作，該公司專為即將推出的業務行銷製作簡報。

他運用午餐時間來精進電腦技能，努力重新編排流行雜誌的版面，最終完成了自己的作品集。此時，查克意識到，直接為天聯廣告公司這樣的客戶工作，比在臨時工仲介機構工作能賺到的收入，多兩倍甚至三倍。一段時間後，他不僅設計演講簡報，也從簡報內容中學會如何培養具說服力的推銷手法，如何販售商品，以及如何行銷包裝。每份新工作都是廣告業的磨練，而查克也照單全收。「我知道我能做得更多」他說。「我能看到對方所沒有的，同時進行交流。」

最終，他還是離開了臨時工仲介機構，追求創立自己公司的夢想。今日，查克經營的平面藝術事業生意興隆，並且將索尼音樂（Sony Music）、奧美廣告、哥倫比亞唱片都列入客戶名單。他想著過去的模樣，為自己所完成的一切感到自豪。「你必須要為自己開啟機會的門，時時問自己：『門的另一邊是什麼？我為什麼不選擇這扇門？』永遠都要看得更遠，抓住幸運的機會。」

查克的職涯經歷讓我們獲益良多。他在第一階段的努力為往後奠定基礎。我喜歡他策略性地找到學習方式，他從學校、運動、學徒訓練中學到許多寶貴的能力，甚至徹夜讀書架上的書。儘管環境惡劣、外在誘惑又多，查克讓自己時時被傑出人才圍繞，開創自己的職涯生態系統，以推進事業進展。他懂得變通、有膽識，並且堅定不屈，以致未曾錯過任何一扇機會之門。他的職業生涯亮點之一，便是受廣告公司的執行長邀請，搭乘僅有幾個座位的公司噴射機，參與一次高達數百萬美元業務推銷。查克之所以會在那架飛機上，因為他已成為這個案子不可或缺的一分子。當被問及職涯低潮時，查克說：「我從未真正有過低潮，我總想著還能做什麼，以及下一步該往哪裡走。」

如今步入職涯第二階段的查克，正積極找尋拓展事業的方法。他找尋一批有才華的年輕設計師來替他工作，讓他能夠全力展現自己的特殊優勢，就是贏得新客戶的信任，並讓客戶對於 CR Media 的作品感到百分之百放心。他正在學習如何信任他人、放手讓他們做，同時也不會因此犧牲掉幫助他達到今日成就的品質。

身為領導者要有的「領導高度」

並不是只有查克想知道如何擴展影響力，大家在職涯第二階段遇到的重大問題之一，就是如何從凡事親力親為的執行者，轉型為發號施令的領導者。在職涯的第一階段要成功，就是要在不花更多時間的前提之下，順利提升影響力，這就是調整「領導高度」（cruising altitude）。領導者一定要有足夠的遠見，才能提出策略並掌控全局。所有資深主管都必須做到這點，因為你是公司中少數、甚至是唯一能夠綜觀全局的人。同時，有能力的領導者也必須精確地解決棘手的問題或者完成交易，訣竅就在能像俯衝轟炸機一樣，隨時改變你的領導高度。高度夠高，才能看清情勢，找出問題癥結與機會所在。一旦確立目標，就能持續追蹤並一網打盡。當執行長遇到嚴重的危機，像是礦災或維安漏洞時，要直搗問題中心，親自上陣，直到任務達成。問題解決後，就要回到本來的位置持續掌控全局。我們都聽過一些愛做白日夢，事必躬親或緊迫盯人的領導者，也知道其他那些在高處微觀管理並適時介入的領導者。如同只徘徊天際的太空人那樣遙不可及，或者像是在低空撒農藥的飛機那樣過度干涉都不好。第二階段新興領導者面臨的最大挑戰之一，便是從權威型領導風格轉變成影響型，試著調整自己的領導高度，成為一台俯衝轟炸機。

然而，從單純執行者轉變為決策領導者的過程相當複雜，除了「領導高度」、也跟「領導態度」關係密切。我們公司中有一個新星剛被提拔成主管，負責其中一間最大的辦公室，我給他寫了一封信，提供一些具體建議。

給新領導者第一天的建議

1. 你的一言一行，不僅受到眾人的關注，同時也具有感染力

所有員工都依照你所發出的信號行事。無論你傳達的是快樂、壓力、信心、漫不經心、失望或是威脅，他們都會收到這些信號，並適時調整他們的態度和行為。務必認真思考你要發出什麼樣的信號。

2. 選定願景，簡化它，然後重複、重複、再重複

一家公司所能專注的願景和口號有限。找到一組簡單的口號表達公司理念，既要方向明確又要好記，但不必完美。確立堅毅的信念和願景之後，接著求新求變，「這件事反映了深植於我們信念的 X 是重要的。」然後在每個適當的機會中不斷重複。你可能以為員工都已經將其融會貫通，但事實可能並非如此，每年公司都會有大約 20% 的人員異動，他們為什麼要記得去年發生的事？

3. 早日決定誰能與你同舟共濟

每個領導者都需要一個小型核心團隊，由親近的同事組成，以如期履行任務。選擇這個團體的成員是領導者最重要的任務。你不需要馬上湊齊團隊的所有要角，但要儘早知道誰與你站在同一陣線。不要選擇與你相像的人，找能配合你的優點，並補足你劣勢的人。一對一深入了解團隊中的現任成員與團隊外的潛力人選。探探他們的野心、信念和心之所向，並確認是否與你相符。

4. 關鍵議題，都是由少數人決議

衝突是有益的，只要確保是在正確的地點發生。避免重複謾罵的電子郵件。有爭議的問題最好能在較小的群體中解決，避免在大型激進的公開會議上發生。即使你是老闆，也應明確表達你了解對方的立場。傾聽，不要一味地搶著發言，弄清楚是否符合邏輯並兼顧自己的信念，然後再做決定。

5. 表現得像個值得信賴的解決問題高手

重要的不是主管的派頭，而是你對於公司的影響力，你的信念、誠信與堅韌會給你力量。在公司中公開透明地分享信息，無論是好的或不好的，提供完備的觀點，說明它們為公司帶來的意義。展現你對於事業的用心與在乎，不會撒手不管。

6. 你不知道所有的答案，沒有人知道，自古至今都是如此

諮詢他人的意見是明智的行為，說「我不知道」沒

關係，只要你願意找出答案、做出決定，即便是做出短期但非永久有效的決定也不錯。

我曾給予建議的人，已經成為我們全球公司的超級巨星，他可能沒有採取我的所有建議，但單就領導者的身分來說，他的進步已經足以讓前方看起來是一片坦途。

有時候，位於職涯中期的人，會發現自己已經耗盡心力，需要調整步調或換個環境再出發。在四十四歲時，安德里亞・隆蓋拉（Andrea Longueira）發現她的事業停滯不前，待在廣電業長達二十年，安德里亞愈來愈被推向業界邊緣，甚至被排除在外。她的雇主歷經改朝換代，剛來的新人不認識她，也不尊重她的經驗和能力。現在是她該重新評估現況和思考自己想做什麼的時候了。被解雇或者退休都非可行選項，畢竟她還有家人的支出要負擔。根據安德里亞的優勢來看，她了解運動產業，擅長協調難搞的名人，也是個認真負責的經營者。她開始在公司內部四處觀望，認真考慮公司某一個機會，但她感覺這與過去所做的事情如出一轍，且該部門也有可能在未來裁員。她需要足以吸引她竭盡全力的工作，同時又能讓自己的能力在未來幾年都不被取代，特別是培養自己成為製作人的相關能力，並且與這個逐漸數位化的世界接軌。經過與他人共同商議之後，安德里亞找到新的去處，在球員論壇（The Players Tribune）擔任製作部經理，這是一個由德瑞克・基特（Derek Jeter）支持的新興線上體育內容平台。安德里亞承認，在同一個工作待上十八年後，做出改變相當不容易。「第一天上工，我懷著忐忑不安的心情，像是第一天上學的小孩。但我真的需要被推一把，加上一些催促、信心，讓我離開本來的位置。」安德里亞擁有的能力在她的新工作中非常適用且具有價值。相應的是，安德里亞也每天都在學習如何將二十年的智慧應用到數位世界中，這為她將來幾年的事業打上一劑強心針。

當你經歷職涯第二階段，你應該不斷微調，適時改變自己的職涯方向。每隔一段時間，就要確認自己是不是在正確的道路上。

把在第五章中所學到的四個健全職涯的關鍵問題，都拿出來再問問自己。

- 學習：我是否有累積新的能力、經驗、關係來協助我成長？
- 影響力：我是否對其他人、公司、甚至整個社會帶來影響？

- 樂趣：我的事業是否成為生活的動力與快樂的泉源？
- 報酬：我是否有創造任何經濟價值？

在職涯第二階段結束之前，你需要達到自己的顛峰狀態。並非所有人都渴望成為執行長，然而，當頂尖招聘人員在招募執行長等級的管理階層時，找尋的是怎樣的特質，仍是件令人感興趣的事。我們會找到一些線索，得知頂尖領導者達到顛峰時會怎麼做。我曾和兩名經驗豐富的在職人士交談，他們合計在全球頂尖的招募公司工作長達四十二年，招募了數千名高級主管。當你歸納出結論時，這就是他們認為最佳執行長候選人與他人之間的差距。

專家在執行長候選人身上尋找的特質

1. 正直與契合度

頂尖的候選人會表現出強烈的個人價值觀，並談論這些價值觀與企業文化之間的潛在契合度；平庸的候選人在找出公司與自身之間的相合的特質上，則探討稍嫌不足。

2. 求知慾與敏銳度

最佳執行長人選在工作外的生活往往也多采多姿。他們廣泛閱讀、從不與世界脫節，且總能提出很好的問題。較差的候選人對該行業和具體的工作機會沒有做足功課，這會被認為是不可原諒且驕矜自滿的表現。

3. 事先掌握提升企業績效的關鍵

這一點總是比較複雜。候選人歷來的業績表現，需要根據行業與時代背景做出調整。在某些職位上，能夠保持平穩就已經是成就非凡；而在一些快速發展的行業中，穩健的增長實際上還稱不上是好表現。招聘人員需要精挑細選，評斷業績的好壞有多少與前人或與當下的時代背景有關，而又有多少是來自候選人的實際作為。好的候選人能夠闡明實際的目標，以及他們如何達成。足以推動執行長的績效根本因素在於「恆毅力與自制力」。擁有豐沛的恆毅力（在任何情況下，只專注於單一目標的能力）與自制力（抵抗分心與誘惑的能力）的領導者，總是會取得較高的成就[11]。

4. 真實、自覺與平衡

脆弱或是不完美都是可被接受的。好的候選人可以看清自己的成敗，從中學習後加以改善自己。自我反省不足，無法從成敗中學習才是警訊。過度強調「自我」而沒有足夠的「團隊意識」，不會讓候選人更有吸引力，反而會因此失去魅力。

5. 活力與熱情

頂尖候選人的熱情是銳不可當的。當他們對一個機會感到興趣時，不會故作扭捏，而是會展現熱情。這會讓人情不自禁地想加入他的團隊之中。

展現與眾不同的個人優勢

職涯第二階段是建立你的特色並回歸個人優勢的時

候。就像「世界最佳銷售員」的得主托德・赫爾曼一樣，重點在於找出最佳落點，並持續磨練自己。瑞秋・摩爾藉由具備藝術與商業的能力，讓自己嶄露頭角，帶領她坐上執行長的位置。有沒有哪兩個領域的交會點，是你可以稱霸一方、並讓你脫穎而出的呢？查克・里斯做為小企業主，在職涯第一階段就打下再好不過的基礎，並創造強而有力的立基點。就像許多其他領導者一樣，他現在正試圖拓展自己的影響力，並找出正確的領導高度。待在那些能夠使你完整、補足你缺點的人身邊，然後傾注全力，讓你的優勢更上一層樓，藉以達到職涯高峰。

當你經歷職涯第二階段、一步一步通往「職涯高峰」時，便會想要定期檢查自己的進度。四大事業提問（學習、影響力、樂趣、報酬）會是不錯的起步。第五章提及的職涯經歷清單，偶爾也要拿出來做一做。

你對於職涯持有的動力是逐漸增長、縮減還是保持不變呢？你的職涯生態系統品質如何？是否已拓展與創造出更高層次的聯繫，還是逐漸萎縮、停滯於舊有的人脈網路？在過去的一年中，是否有在公司內外遇到新的職涯發展機會？如果有，這些機會是讓你更靠近自己的職涯目標，還是通往無關緊要的領域？如果請一些舉足輕重的同事說說你的最佳落點，他們會如何回應？你在過程中得到的正能量和衝勁，你會如何描述它們？

10

第三階段：投資傳承

有時我們心裡的燈滅了，而另一人幫我們重新點燃。我們理當感謝並永遠記住重燃我們生命希望的人。

——史懷哲（Albert Schweitzer）

職涯後期並不一定會是跌入谷底的失落感，也不必只能是無預警地退休，職涯第三階段若安排得當，將會出奇地長久，同時帶來深刻的回饋。關鍵在於不要放棄努力，積極主動地塑造你的職涯後期。放任及順其自然，並不能讓事情如你所願。未來，將會隨處可見職涯後期的犧牲者，他們只懂得自怨自艾，變得性情乖戾，及早準備，不要成為當中的一員。

人類愈來愈長壽，壽命延長的速度和長度實在太過驚人。2015 年的一個 TED Talk 中，知名文化人類學家瑪麗・貝特森（Mary Catherine Bateson）提到，過去一世紀中，已開發國家的人類平均壽命延長了三十年。如同貝特森指出的，不只是老年期延長，而是在老年期之前又多出了一個「完整的階段」。

在大多數人的生活中，工作是成就感和幸福感的源泉。同樣地，對許多人來說，停下工作換來的是真實的失落感，失去了身分、價值，以及貢獻度。貝特森將五十到八十五歲之間視為全新的機會階段，並稱此歷程為「活躍智慧」（active wisdom）階段。這是人類史上，第一次找到一段全新的人生哩程。處於這個年齡階段的人，身體狀況良好又有豐富的歷練，貝特森鼓勵這些人，將自己視為踏上新大陸的先鋒，迎接「活躍智慧」時代正式來臨。《未來工作在哪裡？》（*The Shift: The Future of Work Is Already Here*）及《一百歲的人生戰略》（*The 100-Year Life*）的作者琳達・葛瑞騰（Lynda Gratton），預見到長達八十年的職業生涯，會由多樣化的職業經歷、終身學習、實做與教學所組成。無論以什麼樣的標準，職涯後期都將延續得更長。你準備好要面對持續十五年、二十五年甚至是五十年的職涯第三階段了嗎？讓我們來認識提姆・彭納，以此為啟發（Tim Penner）。

簡介：為值得的工作努力

姓名：提姆．彭納

年齡：六十歲

身分：眾多公司與非營利組織的資深顧問

最佳落點：商業策略與社區理念

提姆開玩笑說：「我不想被稱為最會賣衛生紙的人。」他在寶鹼工作了三十多年，最終擔任寶鹼加拿大公司的總裁。辭去頂尖消費性商品公司的領導人一職後，他就被稱為「替社區籌集數億美元的人」，也募得一筆基金，為問題少年打造新的收容所。

許多成功的高階主管退休後，開始感到生活無趣、失去方向，甚至是失落。提姆要確保自己不會和他們一樣。時至今日，他仍積極投身於顧問一職，同時協助營利與非營利組織。其中，營利組織包括一家保險公司、一家零售商店和一家咖啡公司。慈善工作則擔任大多倫多基督教青年會董事會的主席，直到最近仍以前主席的身分持續服務，他也是兒童醫院和醫療創新組織董事會的一員。他喜歡顧問工作，就如同熱愛自己在寶鹼擔任經營負責人的工作一樣。

提姆念完商學院後，隨即加入寶鹼的品牌管理部門。「因為他們面試問的問題比其他公司好。」接下來的十五年他在寶鹼平步青雲，三十七歲時他渴望更大的挑戰，便在美國俄亥俄州辛辛那提寶鹼總部，擔任英國與美國的國際業務，隨後才擔任寶鹼加拿大公司的總裁，完成他長達十二年的成功事業（我們將在第十二章中探討他的國際事業）。他在職涯第二階段中擔任高階主管，努力在每週七十小時的工作與美滿的家庭生活之間取得平衡。講到自己在公司升遷的情況，他表示:「事情從來不會變得更容易，如果你真的很擅長某些事，只會為你帶來更多責任，工作並不會減少。不必凡事遵照指示，而是要力求表現，想辦法讓上司和所屬的公司獲得成功，沒有任何東西可以取代努力。」

提姆從職涯第二階段成功過渡到第三階段，並非只是巧合，而是多年的試驗和計劃帶來的成果。「在我五十出頭時，面臨的最大問題是『下一步該怎麼走』，」他說。「此時，你預期前方仍有三、四十年的人生，該如何跟上之後的職業水準？我才意識到，重點不是離開跑道，而是為不同目的努力。」因為不知道自己接下來該做些什麼，他開始嘗試原有職責以外的工作，包括擔任不同職位，以及到寶鹼以外的公司任職。他自願參與母校的董事會，卻力不從心；也加入了一個工會，雖然遇見了許多好人，卻沒有從此愛上這份工作。「我需要不斷嘗試，直至找到下一個使命為止，」他回想起當時的想法，「即使發現我最不喜歡的工作是當今的熱門首選。」

直到參與了多倫多聯合募款會的大型募款活動，並成功為社區活動募到超過一億美元，他才發現最適合自己的去處：大多倫多基督教青年會，這是由聯合募款會贊助的組織之一。基督教青年會恰好結合了他的兩項摯愛：小孩與運動，「結果這裡竟是為我量身打造的地方」他說，「我曾在寶鹼學會如何募集後援與經費來提供支持，以及如何執行資助計劃，我現在可以在青年會應用這些能力。」就他來看，基督教青年會是一個真正行動派的組織，能幫助年輕人培訓能力、特質與創造機會。他全身投入成為其董事會的一員，帶頭完成募資工作。他在五十五歲時正式從寶鹼退休，隨即成為大多倫多基督教青年會董事會的主席。

有些人認為，從營利性事業轉向為非營利部門工作是走下坡，提姆並不認同這樣的想法。「身在營利事業中的人，往往會認為從事非營利工作的人比較平庸，這大概是用賺錢多寡來衡量。」他說。「但就我的經驗來看，不論是從事營利還是非營利工作，都一樣有才華。選擇非營利事業的人，僅僅是選擇了不以金錢為回饋罷了。」他將自己在非營利事業中工作的經驗，形容成持續學習與成長的機會。「他們可以從我這裡學到一些東西，但我得到的比付出的還多。」

回饋是提姆領導風格中非常強大的一部分，可以從同事對他的高度尊敬與他們之間的牽絆反映出來。不像那些隨著他們的出現給員工帶來崩潰眼淚的資深領導者，提姆反倒是離開後才會讓人流下不捨的淚水。他專注於幫助他人，不論是幫助寶鹼的同事，或是從事志工服務時所做的，都讓他的工作經驗更加豐富，讓他更快樂，並且成為更好的人。對他來說，退休讓他有更多時間去幫助別人，做讓自己開心的事。他說：「回饋的感覺很棒，我影響了社會中比較不幸的一群人，讓他們活得更好，我感到非常驕傲。」

提姆比大多數人都還要順利地過渡到職涯的第三階段。在進入第三階段時，他進行了一連串周詳的試驗，嘗試不同的角色來適應新的生涯階段和志向。從過去培養的能力中，他找出在新公司中仍實用的幾項。許多人都沒有領會到，從「執行者」到「提供意見者」的轉變，但他卻成功地接受了這樣的思維改變。目前處於職涯第三階段的提姆，雖然名義上退休了，仍每週工作至少三十五小時，但大部分的時間都花在社區和非營利工作。他之所以能保持活力，歸功於他的工作深具意義與每日健身計劃。他保持健康的成長與學習觀念，「一切無關事業經營，關乎的是你的學習曲線。讓你的學習曲線節節高升，接下棘手的問題，並且勇於接受挑戰。」對於提姆來說，非營利工作已然成為他後期事業的支柱。然而，對許多處於職涯第三階段的人來說，創業的比例愈來愈高[12]。光是去年，就有超過 25% 的美國企業是由超過五十歲的人所發起，相較於二十年前，只有 15%。創業為職涯第三階段的人帶來更多機會，風險一定會存在，但卻能帶來無可限量的回饋，讓我們來認識蘇・派博（Sue Piper）。

簡介：從四十萬人的公司到一手包辦

姓名：蘇・派博

年齡：五十多歲

身分：紐約絲路時裝（Silk Road Boutique）創辦人兼總裁

最佳落點：適應與進化

當蘇到印度旅行時，她深受啟發，並在回到紐約後開創了新的事業：一家專賣東方紡織品的零售店。在出國旅行時，許多人都能找到新的商業理念，但很少有人是在退休後，才又踏入一份全新的事業。

蘇是畢業於瓦薩女子大學（Vassar College）第一屆男女合班的畢業生，她說：「當時資訊工程尚未成熟，我也不認為自己的個性適合做業務，所以選擇了心理學。」

她畢業後的第一份工作，是到歐文信託公司（Irving Trust Company），但工作未符合她的期待，所以隨後加入了 IBM 的行列。「我討厭每天通勤的時間，也討厭那份工作，所以我撐了一、兩個月就辭職了，」她回憶。「我加入了 IBM，是一名典型的資淺實習生，幾年間，我不斷在人資部門的職位上打滾，人資的工作似乎是為我的學位量身打造的一樣。」

她喜歡在 IBM 中所擔任的職位帶來的挑戰，並利用公司提供的專業發展計劃，不斷精進自己的能力。「IBM 長期以來，不斷確保員工有所成長。我接觸到許多驚人的培訓計劃，讓我得以發展新的技能，找出更好的自己。」她說。她從來沒預期到，自己會在同一家公司待超過三十年的時間。「它就是這麼剛好地發生了。」

但並非一切都這麼美好，這家擁有超過40萬人的公司，也經歷過許多辛苦的時光。「在八〇年代，IBM經歷了相當艱難的時期，」蘇回憶起當時。「當時，公司經歷第一次整併，隨後分崩離析，許多人被裁員，工廠接二連三地倒閉。還好公司撐了過來也逐漸步上軌道。但在這裡工作了三十年，我覺得自己像是為三家不同的公司工作，這家公司每十年都經歷一次變革。」

在即將結束任職於IBM的第三個十年時，她意識到自己不像從前那樣積極參與工作，所以決定要勇敢邁出下一步。「我意識到，在公司中的生活太穩定了，這可以說是我離開的部分原因，但我仍等到服務三十年後才退休。」她說，「我有固定的養老金。」但蘇不想完全停止工作，所以開始從事自由業，執行計劃和提供諮詢，讓她得以能工作更多年。

五十二歲時，她被邀請陪同當地一所大學去印度旅行。在這趟旅程中，她與即將成為商業夥伴的珍妮特相遇，彼此分享在旅途中對彩色織錦、紡織品及藝術品的熱愛，蘇也發現自己有機會能把這些商品帶回西方。

回國後，兩名女性決定合作，開一家名為「東印度設計公司」（East India Designs）的零售店，儘管兩人從前都沒有任何零售經驗。最初，她們希望鎖定國內設計師為客群，專門服務那些尋找獨一無二高檔布料的客戶。兩人在當地商業區的郊區，找到一個小小的空間並在 2008 年初開業，但不幸的是，正好碰上著名的經濟大衰退。

她們的商業模式不如預期，開店地點也沒有足夠的人潮。「我在 IBM 的工作經驗教我，當事情不能成功運作時，就試試別的方案。」蘇解釋道。她們嘗試了許多不同的方法，包括提供酒和奶酪來吸引顧客、郵寄文宣、發放優惠券，以及運用像是 Shoptiques 的電子商務整合網站。最後她們決定換開店的地點、鎖定不同的客群並採用不同的銷售方式，甚至連店名都換了。她們重新塑造品牌，取名「絲路」（Silk Road），以販賣低價位的商品為主，以拓展客群。

因為珍妮特的伴侶搬家，迫使她離開這家店的經營。對於蘇來說，她們合作關係瓦解已經危及到整家店的未來。「我真心覺得已經無路可走了，」她承認。「我不知道下一步該怎麼辦，都已經投入了那麼大量的金錢和時間，一切變得進退兩難。」對蘇來說，這是一個決定性的時刻，她不得不重新評估整個計劃，也意識到自己還沒想要放棄，所以決定承擔風險，向銀行貸款獨自扛起這家店。

「我當時下定決心，要加倍投資『絲路』。」蘇說。「我見過太多遠端遙控的店主，我不想和他們一樣，我很慶幸自己曾與那麼傑出的女性夥伴一起經營過它。」她當然希望在投入自己的品牌之前，能有更多零售的經驗，而在 IBM 工作的經驗，已然讓她有足夠能力來面對當前挑戰。「能屈能伸、保持創新、跳脫思考框架、善用網際網路，這些想法都是在 IBM 人資部門工作期間所學到的。」她解釋。「反思我所學到的一切，即使是在一人企業中，我仍然運用到訓練和練習時所學到的。」蘇不斷嘗試不同的銷售方式與管道，並積極尋求零售世界內外的專家意見。

時至今日，絲路的客戶數量不斷增加，並在蘇的家鄉被評為最佳居家服飾與禮品零售商，收入持續穩定成長。然而，並不是金錢讓蘇樂在其中，絲路已然成為當地社區的一部分，是青少年購買母親節禮物的地方，也是訪客採購女主人禮物的好去處，當地的準新娘也能在這裡舉辦婚前派對。絲路雇用學生來打工，這裡也成為婦女重返職場的跳板，更歡迎寵物來這裡玩。她克服了重重困難，並邁入經營絲路第八年的里程碑，這一路走來備受挑戰，但完全值得。「企業家需要對自己的工作充滿熱情，」她語重心長地說。「否則一切只會更困難，沒有熱情的支持誰都撐不下去。」

你會如何投資自己？

我不斷聽到退休或考慮退休的朋友和同事問：「我該如何填滿沒有工作的日子？」回想起第六章提到的時間規劃練習，這實際上是一個需要策略的問題。

大約四年前的某一天，我一位非常有創意的同事楊・萊斯（Jan Leth），走進我的辦公室，跟我大談他的未來計劃。他將一張圓餅圖放在我桌上，以下是其中的內容：

- 釣魚：32%
- 畫畫：17%
- 皮划艇運動：20%
- 園藝：21%
- 為布萊恩（本書作者）提供諮詢：至多 10%

經過將近四十年緊繃的全職工作，楊表示自己在大約六個月內要搬到緬因州，開啟人生的新扉頁。我很高興他留下一小段時間，為我貢獻他的才華。然而，他公開表態說明自己接下來要如何規劃人生與職涯的下個階段，是相當大膽的做法。我相信這是很有意義、很周全，也很主動的做法，在過去四年中，楊也都遵照自己的時間安排。但我也必須坦白，他分給我的時間往往不只10%，所以遇到捕魚季節時，我一定會讓他把時間留給自己。

不是每個人都會積極安排自己退休後的時間。退休是否就代表熱情減退了呢？和一些人談話過後，我對他們退休後時間規劃的印象大致如下：

- 工作：0%
- 社區參與：0%
- 含飴弄孫：10%
- 打高爾夫：90%

我喜歡高爾夫，但這並不能當成全職的愛好，除非是PGA巡迴賽的好手。有些人能放下一切，投入打高爾夫和海灘漫步的生活，但大多數人都無法做到。一想到退休就是面臨撞牆期，一切都停滯了，這不僅令人卻步，也可能會帶來健康問題。我的朋友分享了一句名言，出自一位專為即將退休的人提供諮詢的治療師：「當你坐在一輛以每小時70英里行進的車子裡，一旦急停，你會穿過擋風玻璃而摔出車外，同樣的，職涯與人生也是。」

六十四歲的吉姆・布恩（Jim Bunn）是個健身愛好者，同時長期擔任零售主管。雖然他身心健康，卻也對工作的未來感到矛盾。「我是該收山了？還是要再拚一場？」他經歷了漫長而多樣的職涯，以零售業起家，而後變成時尚、化妝品及香水相關業務的主管。他其中一次的事業高峰，是在美國營運高達 5 億美元的凱文克萊（Calvin Klein）。當公司被賣掉後，吉姆便投身於顧問工作，隨後也找到自己的最佳落點：「以零售與時尚為中心」，開始一連串的創業投資。吉姆最後一次在他人旗下工作，是在一家國際行李箱公司擔任市場總監，該公司大大錯估了全球目標及財務預測。最後吉姆失去了工作，不確定自己該何去何從。他與妻子潔姬賣掉房子，經歷了典型的「何去何從」時刻。吉姆應該再到其他公司工作，還是投入創業，抑或在歷經了超過四十年的工作歲月後，到該休息的時候了？結果，吉姆又找到了令人驚豔的事業，在他們的社區開啟了新的人生扉頁。如今，吉姆在位於紐約市郊外的康考迪亞學院（Concordia College），擔任拓展與募款中心副主任，為來自 35 個國家、約 1,000 名的學生服務。

在接手這份工作之前，他很擔心像這樣非營利性的教育部門並不適合他。但他也不想漫不經心地，只是將這裡視為避難所。吉姆的孩子介入他的想法，說：「爸爸這份工作太適合你了，做就對了！」他才願意認真看待這份新工作，將其視為全新的開始，現在他甚至可以看到一條直通往七十歲的人生道路。吉姆說，這份新工作集結了過往所有的工作經驗：「零售商、品牌行銷人員、國際法學家、執行長，以及主日學老師」。吉姆花了幾個月的時間，來理解這份工作的使命及目的，不斷地問：「為什麼大家願意在這裡工作？為什麼學生會來這裡？大家為什麼願意花錢支持我們所做的事？」吉姆說在找到真正的答案前，他都不會離開。他人生的上一章以失敗告終，肇因於一些超出他控制的原因，他不允許自己的人生如此收尾。「我會退休，但是要以自己的方式。退休前我會帶著一抹微笑，並感到自己貢獻良多，而非只因為其他主管所吹噓的全球預測失誤而被迫如此。」吉姆說道。

研究顯示，在被問到人們退休的原因時，年輕人（二十一至三十五歲）普遍相信，大家是因為自己的累積財富「達標」而退休。到了五十五歲時，對於幾種退休原因的看法變得比較平均，財富變得較不具決定性，

表 10-1　不同年齡層對決定退休時機因素的看法

決定何時退休的關鍵因素				
年齡	21-35	36-55	55+	合計
達到特定年齡	21%	23%	28%	23%
累積足夠財富	52%	44%	25%	43%
身心健康開始變差	19%	21%	27%	22%

資料來源：2015 年未來公司針對美國的調查，樣本數：1644。

而健康因素的比重升高。

根據我的經驗，某些事件發生確實會讓人開始認真啟用退休計劃。可能性之一，是遭遇創傷事件，例如醫療問題或失去摯愛。有的人可能是因為收到雇主警訊或得到更好的工作機會；有的人是因為達成工作里程碑；有的人只是靜待時間流逝，直至無法再工作的那天。僅有少部分的人將退休計劃，視為人生中健康且有意義的一部分。對大多數人來說，工作都是聊勝於無。我所聽到最好的建議，是要提防生活失去重心，但僅有少數人能確實做到。「在音樂還沒停止前就離開」，你必須在失去所有快樂及過去建立的尊重之前，就主動離去。

成為「活躍智慧經濟」的一員

你會如何進入職涯第三階段？你會成為這個階段有人生目標與活躍智慧階段的代表，還是犧牲者？在你遇到撞牆期前，就該先打造一個計劃，深思熟慮後將你的專業傳承給下一代。就如同高盛集團（Goldman Sachs）執行長勞爾德・貝蘭克梵（Lloyd Blankfein）說過的：「人們應該指導下一代，你沒有比較聰明，只是比較老練，他們也不是不聰明或沒有價值，只是比較年輕罷了。年輕人有權獲得問題的解答。」準備好為有意義的工作競爭，即使你願意無條件付出。我喜歡「活躍智慧」的概念，但對於想在職涯第三階段中獲得成功的人來說，它也會帶來責任。首先，你要在職涯初期的幾個階段，發展出自己的專業。人們不想要只聽到你的想法或對於過往的敘述，他們要的會更有深度。其次，他們想要的與現在跟未來都相關，「活躍智慧」的精髓其一，便是與時俱進。

七十一歲的蘇銘天（Sir Martin Sorrell）擁有世界上最大的通訊公司 WPP，全球員工超過十九萬名。他是一位傳奇人物，會在每天在收到電子郵件的三十分鐘內就回覆。在這個數位科技爆炸的時代，他知道每一項重大發展。究竟是如何領先這個產業的尖端？策略就是每天與客戶、其他執行長以及後起之秀們交談。在過去十年中，他主辦了一系列全球會議，稱為 WPP Stream，匯集來自世界各地的科技領導人，分享和討論最新的議題。我認為對於處在職涯後期的人來說，最重要就是與時俱進。你每天該做些什麼，才能讓你的能力與當下的時空背景相符？我也在用自己的方式面對這個課題。我所選擇的廣告與行銷行業，已然成為弱肉強食、適者生存的世界，最需要的是積極進取的心，這是個年輕人才能稱霸的戰場。在數位行銷部門，雖然這是我的專業，但「年輕」這項因素仍極具影響力。過去十年中，我是辦公室中唯一滿頭白髮的人。我很可能在幾年前就遭到埋沒或是舉雙手投降，然而，我努力跟上時代，努力進修去了解新興議題，像是行動商務與自動化行銷。等到我夠了解這些知識後，就開始撰寫文章四處演講。我積極尋求指導，每周至少兩次，我與公司中的新團隊共商提供建議，也尋求他們的觀點。我運用 LinkedIn 和 Ten Thousand Coffees 等導師平台提供諮詢，也傾聽年輕人對於熱門話題的想法。如果你即將進入，或已經在職涯第三階段，有什麼計劃能幫助你持續學習、與時俱進？

職涯的第三階段不一定會令人沮喪，你也可以過得多采多姿。培養精良的共通能力，為退休前的下個階段鋪路，看清自己的優勢和熱情所在。在找到下一件熱衷的事情之前，不斷學習與嘗試，重新訂定自己的期望，成為「活躍智慧經濟」的一員。這時你的所獲可能與顛峰時期不同，但這個全新的職涯扉頁，將會帶來更有影響力的回饋，包括掌聲、尊重、個人成就，還有正在改變世界的感覺。好好享受傳承與培養新血的深刻成就感。

PART III

關卡上的抉擇

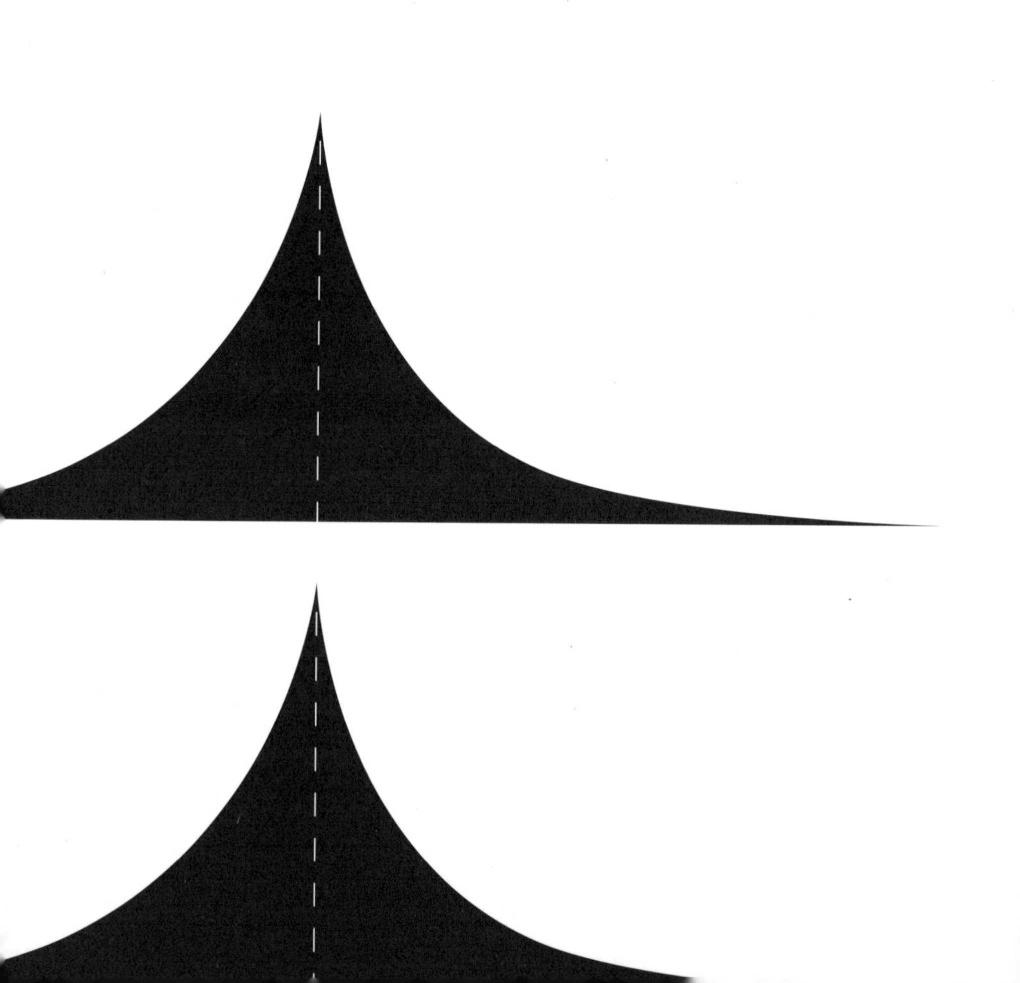

11

要升遷，還是要生小孩？

為人父母是人生中的重大階段，它在職涯的第一階段、第二階段，甚至是第三階段都有可能發生。然而，經過多年的討論與改革，許多工作者仍擔心，父母的身分會對事業有負面影響。雇主往往認為，這會讓人對事業失去過往的奉獻精神，而將心力轉移到孩子身上。這個議題現在不只影響女性，對男性也同樣造成困擾，這讓我們的職場面臨嚴重人才短缺的問題。我們如何在並未能善用人才資源的情況下，仍然推動世界所需的創新及經濟繁榮呢？

珍妮・凱斯汀（Janet Kestin）和南希・馮克（Nancy Vonk）兩人身兼母親、作家、主管等多重身分，並且同樣任職於一個吃力不討好的職位：「廣告公司的創意總監」。雖然廣告業中有超過一半都是女性，卻僅有 5% 的創意總監是由女性擔任。南希和珍妮兩人都一步步往上爬，隨後才共同擔當多倫多奧美廣告公司的創意總監，成為備受推崇的創意團隊之一，並帶領旗下成員多次獲得坎城國際創意節（Cannes Lions）首獎。如今，南希和珍妮共同經營一間名為 Swim 的創意顧問公司，致力將領導力與創意教給下一個世代。這個雙人組也撰寫了兩本暢銷書，《選我：闖入廣告界的適者生存之道》（*Pick Me: Breaking Into Advertising And Staying There*）與《親愛的，妳無法兩者兼顧》（*Darling, You Can't Do Both: And Other Noise to Ignore on Your Way Up*），後者便是以探討為人母與事業如何取得平衡為題。

對於南希和珍妮來說，這一路走來並不容易。如同南希所說：「多年來，職業婦女都沒得到適當的建議，來處理孩子與工作間的平衡。女性對擁有小孩感到害怕，特別是在工作還沒穩定之前。每個人都為此擔憂，但沒人有相應的答案。有了孩子就如同失去對工作投入的機會。許多男性認為，妳放棄了向上爬的機會，甚至連許多女性也對此嗤之以鼻。」

珍妮補充說道：「對許多人來說，事業與為人母是二選一的抉擇。高績效文化要求妳要隨時全神貫注，但如果妳是女性，就會因為孩子而分心。我的兒子在我有那麼多工作量之前就出生了，但我敢說，為人母讓我在工作中表現得更好。如果男人想要與孩子建立如同母子間一樣好的關係，那就捫心自問：『為什麼有了小孩，就只該得到工作表現必然下降的結論呢？』」

珍妮和南希對於未來發展的潛力都抱持樂觀的看法。她們很欣賞北歐（Scandinavia）的開明政策，認為男人也應該花更多時間陪伴孩子與家庭，這樣有助於改變。就如同珍妮提到的：「擁有愉快職場生活的父母所生的快樂小孩，會願意不斷為他人付出。」

如果要說比擔任廣告創意總監更不利於家庭生活的工作，那便是擔任新創公司的執行長了。米萊娜・貝里（Milena Berry）和保羅・貝里（Paul Berry）創業成功，又共同撫養三個孩子，他們是怎麼辦到的？

米萊娜在一個敏感的時刻（也就是在九一一恐怖攻擊的前一星期），從出生地保加利亞來到紐約市。儘管沒有正式的藝術背景，她仍然靠著一身好口才，挺進紐約大學知名的互動電子媒體課程，還是傳奇導師兼「紐約矽巷神仙教母」（Godmother of Silicon Alley）雷德・彭斯（Red Burns）的學生。就米萊娜的說法，雷德教她「接受改變、不要害怕未來憑直覺行動。」

米萊娜在科技產業工作了七年，成為公司的技術長，也同時是三個孩子的母親。她認為這樣的角色非常具有挑戰性。米萊娜某天接到一通電話，驚惶失措地說：「巴士都要開了，妳在哪裡？」米萊娜錯過了孩子學校的戶外教學。當她六歲的女兒伊娃問她說：「媽咪，為什麼妳不滿意這份工作又還要繼續？」米萊娜才意識到，工作帶來的痛苦和負擔，已經到了非解決不可的地步了。

對於米萊娜來說，工作逐漸失去樂趣，辛苦就不再值得。米萊娜決定與朋友創立名為「PowerToFly」的新公司，專為職業婦女提供科技業遠距就業機會的線上平台。「想像一下，當婦女也開始工作時，能為社會帶來多大的成長。」她說。「我想要讓每家公司都更加壯大，同時也更容易找到人才。」

許多企業文化偏好較長的工時，然而這樣的工作對於有孩子要照顧的婦女而言，會使她們錯過升遷、加薪，以及事業提升的機會，因此並非長久之計。許多女性被迫在家庭與工作間做出抉擇，她們選擇離開大有可為的事業，為的是與家人有更多相處的時間。米萊娜認為，女性不應該因為家庭而被犧牲。她想要打造一家公司，提供女性良好的工作機會，又可兼顧到工作與生活間的平衡。「同時扶養小孩又要身兼全職工作，是各地女性都面臨的挑戰，不僅止於都會區而已。」米萊娜解釋道。「如果妳住在北卡羅萊納州的郊區，總體來說，就是連工作機會都沒有。」

遠距工作為受地域限制的工作者與生活間的平衡提供解決方案，讓女性得以投入自己的專業發展。PowerToFly 不以傳統「面對面進退應對」的辦公室模式，而是以更有彈性的方式，專注於成果和績效，而非待在辦公室多久。「我是遠距工作的狂熱支持者，我身邊的人才都因為這樣找上我。這是達到工作與生活平衡的方法。」她說。PowerToFly 媒合女性人才與願意提供遠距工作的科技公司，這雖然不是人人適合的方式，但也大大拓展了人才庫的可能性。

米萊娜的丈夫保羅也是新型態工作模式的支持者，同時擔任 Rebel Mouse 公司的執行長，提供專為分布式網頁內容而設計的線上平台。「我不去計算人們工作了多少時間。」他說。「你無法假裝工作時能永遠保持全神貫注，休息時就完全不想工作的事。既然如此，隨時回家或去散散步，又有何妨。關鍵不在於你做了多少工作、或是付出了多少時間。」保羅強烈質疑常態性的面對面會議。當他在工作時與員工談事情，總習慣邊走邊談，他發現這麼做比較有成效和活力。他十分喜歡語氣堅定的、果斷的電子郵件內容。「我喜歡當機立斷的行事風格，開會做決定真的有必要嗎？『必要』與『想要』是不太一樣的兩回事。」

米萊娜和保羅都知道，高標準的全職工作與吃力的家庭生活讓人身心俱疲，壓力是會傳染的。保羅說：「特別像是創業，包含諸多起起落落，令人身心俱疲，使得擔負壓力的父母會把壓力轉嫁到孩子身上。」這也是為什麼保羅明確界定了家庭時間，唯有如此，才能為生活留下些許空間與平靜。每天晚間六點到九點，他們只關注孩子的事情，不能有任何公事電話或電子信件介入，這個家庭每晚都用一個小時一起讀書。儘管米萊娜和保羅都從事科技業，但他們家的孩子幾乎不使用任何科技產品，沒有智慧型手機、也沒有電視，僅在閱讀時間可以使用電子書閱讀器 Kindle。當家族旅行時，消磨時間的好物是畫紙與蠟筆，而非 iPad。

南希、珍妮、米萊娜和保羅，教導我們如何同時為人父母又能在事業中大展身手。以下是我對這些智慧的總結：

1. 別讓事業與親職成為二選一的選擇題

不要因為它必然會影響你的事業就害怕有小孩，事業與家庭雙贏的人已經愈來愈多。就算為人父母會讓你暫時離開職場，也並不代表會永遠如此。

2. 尋找對家庭友善的雇主

這樣的雇主真的存在。不同行業、不同雇主的彈性與對待員工的方式差異甚遠。問問公司內部的人，實際狀況到底為何，並參考「職場中的父母最佳選擇公司名單」。我所在的公司，也就是北美奧美廣告，曾針對增加育嬰假的政策，做出以下聲明：

「育嬰假後，返回工作崗位初期會讓人備感壓力，必須調整生活習慣並做出許多決定。希望透過『過渡假』，能讓你與你的上司共同適應你重回跑道所帶來的變化，包括家庭的新責任與工作之間的種種。過渡假中規定，主要負起照護責任的家庭成員，可以先以兼職的方式回到工作崗位（最少一星期工作二十小時），這樣的工作形式可以長達十二週。在這段過渡期中，你的薪水也會有相應的調整。在返回工作前，儘快與上司討論你的工作日程，以確保盡可能滿足雙方的所有需求。」

像這樣的政策看來既明智又公平。你也可能會發現，某些國家對於職場中的父母更寬容。例如，北歐國家現在不論是父親或母親都可以請育嬰假。為了順利度過磨合期，部分的育嬰假會讓需要外出上班的父母與較資淺的員工輪替值班，這被視為是很好的學習機會。時至今日，請育嬰假在職場中已被視為是正常工作生活的一部分，而不再是造成雇主和同事困擾的痛苦經驗。

但某些行業及工作具有結構性上的根本障礙，像是需要不斷出差或是不確定性的工作時程，讓邊工作、邊照顧小孩成為極艱難的挑戰。有些工作真的就是讓人無法兩者兼顧。如同一名職業婦女所說：「你不能期望所有限制都消失不見。」

即使所屬的行業、雇主或國家都對此十分寬待，你也需要在職場上得到支持。南希和珍妮彼此互為搭檔，因而能夠在特定的任務或關鍵時刻上，分工合作，完成任務。她們不是將工作分擔，而是各自面臨龐大的工作量還能彼此互相照應，以度過許多潛在的危機。在關鍵時刻，誰能做你的後盾？

3 適當的支援系統非常必要

連專家都同意這點。大家選擇的「支援系統」會因人而異，可能是配偶、伴侶、家庭其他成員、托兒所、育嬰服務、保母或是多項選擇的組合。米萊娜說過，即使是在家中遠距工作，在一些緊要時刻，仍會需要支援系統的協助，像是大清早或是孩子下課時段。一名經營兩萬人公司的職業婦女說過：「你可能不會付給保母太多錢，也不會整天向他們表達感謝，然而你所聘用的保母，可能是你一生中最重要的員工。如果家庭沒有被悉心照料，工作也會被牽連。」

4. 設定實際的期望及堅守底線

別讓自己活在失敗與不悅中。只懂得做牛做馬並不實際，你無法隨時隨地都在工作。什麼事都答應下來，只會讓自己一團亂。你要讓自己成為「有條件承諾」的高手，清楚表明自己即使非常有能力與熱情，並且致力於團隊，就算配合度再高，但一切都有底線。

我曾在聯合國參與了一場盛況空前的活動，主要是為了表揚我的上司夏蘭澤（Shelly Lazarus）她是位成功的全球企業執行長、董事會成員、鼓舞人心的講者，也是產業龍頭與三個孩子的媽。這場活動正是為了表揚她為「年度優良職業婦女」。

這個活動大可簡單描述她的豐功偉業，說一些關於她家庭生活的日常瑣事。然而，為夏蘭澤頒獎的人做出超乎我想像的事情。頒獎人道出孩子們對母親夏蘭澤的感謝，內容真誠令人動容。她的每個孩子：泰德、山姆和班，都對身兼產業龍頭的母親表達敬意與感謝。隨著年紀增長，他們逐漸了解母親的工作內容，更是對她的成就驚訝不已。她劃清工作與家庭的界限，以便總能陪伴在孩子身旁；從簡單的家庭餐聚到每個孩子人生中的重要時刻，她從來不缺席。

我知道要謹守這些界限有多難。當夏蘭澤成為奧美全球美國運通（American Express）帳戶的領導人時，大家對她的期望都相當高。她備受推崇，在客戶眼中是不可或缺的要角。當美國運通請她參加為期五年的計劃會議時，夏蘭澤告訴他們，她無法在下午一點前的時間參與會議，因為她已經答應她其中一個孩子要保留這段時間，但她願意事先準備。如果有需要的話，她也會在會議後的傍晚，做功課跟上進度。下午一點整時，夏蘭澤進入會議室，與會者露出訝異的表情。夏蘭澤解釋：「前幾個小時，就算我不在會議中也不會有人注意到，但我不能缺席我兒子的校外教學。」她繼續說：「你不可能總待在孩子身旁，總有為工作離開他們幾天的時候。

然而，最重要的是，你要讓孩子體會到，他們是你生命中最重要的事。這無關陪伴時間的長短，而是感覺問題。」

夏蘭澤並不認為劃清界限就是將家庭與工作完全隔絕。從孩子還小，夏蘭澤就會讓他們參與她工作的話題，與他們分享工作上發生的事，偶爾也帶著他們一起到公司參訪或出差。曾經，夏蘭澤的家庭生活與工作幾乎密不可分。我第一次遇見她時，只是奧美加拿大公司的新人，我們一同為美國運通新發行的奧特瑪（Optima）卡推出行銷策略。當時，夏蘭澤懷有八個半月的身孕。某天的氣氛十分熱絡，她甚至答應客戶，如果奧美因為這次合作案而獲獎，就會把肚子裡的孩子以這張卡命名。然而，那次我們並沒有獲獎，我很高興能在此告訴大家，她的兒子現在叫做班，而不是奧特瑪。

懂得有效劃清界限的人，總是能拿捏好何時該答應請求，何時該堅守底線。「是的，這是一項重大的任務。我可以在星期二、星期四或星期五去做，但星期六中午不行。」要避免「無條件答應」，也切忌「不好好解釋就拒絕」。當職場中的父母拒絕特定任務、工作或升遷機會，他們會被認為是既固執己見，又不肯自我精進。你必須要打開天窗說亮話。我認識的一名女主管，曾得到一個晉升的機會，但她深知此刻自己無法在新工作與家庭承諾中取得平衡，以下是她所說的話：「我認為這是份很好的工作，我也一定能勝任。但此刻，最重要的是我的家庭事務，因此我無法用我認為常規的方式來完成這份工作。我非常感謝得到這個機會，也仍會認真看待我的事業，在未來幾年多加貢獻。此刻這份工作並不適合我，但在未來，請記得我仍會是適當的人選之一。」對我來說，這樣的回答足以回應對方的期望，同時在長達四十年的職涯中，做出符合當下情況的決定。這樣暫時的駐足是值得的，這並非是她職涯的最後一步。那名女性至今仍待在同一家公司，在市價數十億的部門中擔任總裁。

5. 管理你的時間與精力

珍妮將身兼父母與全職工作者，形容成是一種磨練時間管理技巧最好的方式。「當我開始接受他人的幫助或是尋求協助時，就是發出示弱的訊號。我還在學習如何尋求幫助，並將其視為一種求生技能。我會避免做不動腦的事情。九點半才進辦公室，腦袋清晰且精神振作，總好過九點就到，但備感壓力且糊里糊塗。重點不在於工作時間的長短，而是能有多少產出。每當提及生產力，米萊娜總要說說「三好」的概念。「為了排解生活中的壓力與瑣事，你需要做對三件事情：好好睡覺、好好吃飯、好好運動。沒有人可以替你完成這三件事，你要親力親為，因為這些是讓你保持進步的動能。」如果失去任何一項，米萊娜就無法正常生活，為了保持工作品質，她願意犧牲幾小時的工作時間。

缺席後捲土重來就好

有時候，無論你有多少應對方法，為人父母的身分仍會迫使你完全離開職場一段時間。由於你仍有幾十年的工作歲月要面對，這次缺席不會成為你職涯的終點。然而，對於無數工作者來說，特別是女性，要回到工作軌道上是極具挑戰性的事。我們的社會環境讓這段過渡期顯得並不容易，因此，有數以百萬計的資深工作者，離開職場後就再也沒有回來過。儘管如此重新回到工作崗位的機會確實存在，讓我們來認識羅拉・哈里森（Laura Harrison）。

簡介：許多雇主都提供實習的機會，何不也提供重返職場的機會？

姓名：羅拉・哈里森

年齡：近五十

身分：在技術服務公司擔任專案經理，同時是三個孩子的母親

最佳落點：知道如何重返職場

羅拉在IBM和昇陽電腦（Sun Microsystems）等科技大廠工作將近二十年，她知道是時候該離開全職工作了。

「當時是凌晨四點鐘，我十八個月大的兒子患有嚴重哮喘，把嬰兒床內吐得到處都是。我安撫他，他爬到我的身邊躺了下來，兩個小姊姊也在身旁。我的老公出差，我知道我明天沒辦法去上班了。我問自己：「『我到底在幹嘛？』然後就打了一份辭職信的草稿。」幾天後，羅拉正式辭職，離開了全職工作，將重心放在家庭上。

幾年後，羅拉開始擔任志工，並試著擔任代課老師。她在另一家科技公司工作了一小段時間，眼見許多戰後嬰兒潮時期出生的人，也就是所謂的「三明治世代」，上有年邁的父母、下有年幼的小孩要照顧。「某一刻，我突然意識到，我需要有全職工作來分擔家計。但我該如何返回職場，又該從何著手？我很擔心我的能力已經生疏，我也很害怕，我過去所學變得過時、派不上用場，尤其在科技產業中更是如此。科技領域中的每個人都在談論「敏捷開發」，而我則還停留在過去所學的「瀑布模型」。我的確具備一些能力，但該如何學會這些新工具、重新找回自己的定位？

「我從朋友那兒聽說有個稱為『重返職場』的計劃，這個朋友在一家名為 Return Path 的科技公司工作。它整體的概念是讓資深主管有機會在離職一段時間後，再重操舊業。」

羅拉是申請計劃被錄取的六名女性之一。這個計劃將參與者與公司主管的缺額相互媒合，這些職位正好需要有經驗的人才，又意願花時間培訓新人，並且幫助公司成長。計劃首先是為期八週的技能培訓課程。她說：「我有一些不錯的能力，像是時間管理、同時執行多項計劃。但我最陌生的，正是千禧世代習以為常的科技產品。」實務技能培訓課程中也加上軟實力的培養，如領導能力、團隊合作及協作能力。計劃參與者加入人資部門的團體訓練，頻繁地接受指定主管的一對一指導，但其中最大的支持來源，還是來自參與者自己。如同她所描述的：「公司的廚房是我們的天堂，可以安心地與許多樂於分享的人交談。我們可以談論生活大小事，甚至是工作甘苦，例如工作的黑暗面與內心的掙扎。」在為期二十週的計劃即將結束時，在六人中表現較好的五名成員，都獲得一份 Return Path 公司的全職工作合約。這個計劃已經邁入第五期了，並且正迅速擴展中。最近這一期有將近四十名計劃參與者，分別在六個地點受訓。

這個「重返職場」計劃，是由 Return Path 公司的技術長安迪・紹丁斯（Andy Sautins）所提出，並且很快就被執行長麥特・布倫伯格（Matt Blumberg）所接受。麥特在簡單的先決條件下就創立了 Return Path。有些新創公司採用「股東至上」模式，旨在將投資報酬率提升到最大；有些則採用更有先見之明的「客戶至上」模式，認為以此才會創造長遠的價值。麥特則採用與兩者不同的做法，選擇從容追求「人才至上」的模式。他深信這個模式會帶來股東與客戶都想要的回饋。「我的做法很簡單」麥特說。「我給員工自由和彈性，換來他們的高績效和責任感。」至今成效仍然非常卓著。他的公司旗下有超過五百名員工，位於紐約州與科羅拉多州，全球還有其他十一個辦事處。公司能否永續經營，取決於員工的素質和工作動機。麥特一直在尋找新的人才庫。在搜尋的過程中，他發現極為吸引他的一群人：為了照顧孩子而離職的職業婦女。根據麥特的說法，計劃初期就帶來非凡的成果。「我們公司獲得了取之不盡、用之不竭的人才庫，重返職場的員工都極具產能，對公司也有高度忠誠。」麥特正嘗試將計劃擴張成名為 Path Forward 的慈善基金會，讓其他公司也能容易獲得計劃所需的課程與學習。

羅拉相當感謝執行這個計劃的 Return Path 公司。「我熱愛科技業，也很擅長，我只是不知道重返其中的途徑。Return Path 公司提供了課程及企業文化。在公司茶水間相知相惜的我們，就像是家人一樣。」她繼續說道：「我對我的事業抱持樂觀的態度。我喜歡工作，並且想要長久做下去。」

我看過許多重返職場成功與失敗的案例。對我來說，有四個必須掌握的基本要素，我稱之為 4R 策略：

1. 更新技能（reframe）

你必須得處理技能生疏或與工作脫節的問題。或許你能幸運加入重返職場的計劃，像是 Return Path。假如錯過這樣的機會，那就找其他方式提升你的能力，以跟上職場的變化，例如參與成人學校、大學、社區學院、線上課程，或像是 General Assembly 新創學習管道。你也可以自願加入業界相關計劃、與產業中的人交談（不要只限於那些你已經熟知的職場老兵），或者創造雙向的導師制度與技能交流，向年輕人互相學習：「我能教你這項能力，你能教我那項。」接受挑戰，設立短期目標，像是「三十天內，我要學會如何為自己架設簡易網站」。從簡單處著手，透過小小的成功經驗來重新建立向前的動力。

2. 重新看待過去的經驗（refresh）

你有許多很棒的經驗，然而，經過長時間的脫節再回到職場，你用以表達這些經驗的方式往往已經過時，面臨的狀況也今非昔比。我遇過一些重返職場的人，雖然有相當抱負，卻在面試中提及多年前發生的事，講得天花亂墜。他們老是談自己的過去，對未來趨勢卻嗤之以鼻表示無法理解，嚷嚷著「這些瘋狂的數位玩意」。雇主到底為什麼要花錢聘用這樣的人？你必須重新定義你過去的經驗，將其與現在和未來連結起來。以未來的觀點來研究你要重返的行業，訂閱產業相關出版物和部落格。完美結合自己的能力、智慧與經驗，設身處地為你的雇主著想，同時也思考公司未來的走向。你的過去只有在能幫助你的未來雇主成功時，才會發揮某種程度上的效用。雇主不需要聽你講述過往的豐功偉業，像是解釋你與好友如何在 1997 年發明網際網路，你只要告訴他們你懂些什麼、會些什麼，以及當下一直到接下來的幾年內幫助他們成功，這就夠了。

多做功課，研究你的目標產業。多讀些執行長發表的演講內容，了解產業分析師說了些什麼。詳閱公司線上公開的財務報表，即使不是財務方面的天才，你也能從數據中看出公司的營運現況與未來發展。

你的用語會成為重返職場的重要關鍵。以前稱為 X 的東西，現在會被稱為 Y。很多時候，人們講述大方向時都極為相似，但一旦用語錯誤，你聽起來便會像是來自石器時代。去年，我與一名嘗試重返行銷界的佼佼者面談。2005 年的用語（直銷、數位媒體、網站、定向電視廣告）已被新的詞彙所取代（績效營銷、程序化媒體買賣、分布式社交平台、移動視頻內容等）。然而，她並沒有意識到這一點。所以，每當她一開口說話，都降低了她受聘的可能。她需要針對所選的領域認真學習現代用語。多做功課，並與一些熟知新環境的老手多多交流，她便能將過去的經驗升級成現今的表達方式。這樣一來，雇主才會開始將她視為一個睿智的貢獻者，而不再是活在過去的怪咖。

一旦你更新了產業與公司的相關知識、用語，接下來就是想好一個如何重返職場的故事。把它寫下來，仔細琢磨，讓它牢不可破，並且精簡成兩分鐘的簡介，不斷排練。

以下是我的故事。

（我工作了_____年，成為了世界一流的專家（再加上一、兩個足以說服人的證據）。我離開職場X年是為了_____，而我現在真正想做的是_____。我為這個產業以及貴公司的未來，做了相當多的功課。我為此感到興奮，因為_____。期盼能成為這個產業及貴公司的一分子，我將可以帶來_____與_____的貢獻，幫助貴公司邁向成功。）

聽到這樣的內容，我會開始對這個人產生興趣，至少我願意聽他說說看，給他一個機會試試。

3. 重啟職涯生態系統（reconnect）

如果你離開職場好幾年，我敢打包票，你的職涯生態系統一定需要徹底檢修。將前同事和退休主管從名單上剔除，並不會幫到你什麼，你要做的是認真檢視職涯生態系統中的關鍵部分（詳閱第五章），包括你的聯絡人、專家社群、關鍵同僚與支持者。登入 LinkedIn、Facebook，以及其他社群網絡，拉近你與產業相關人士的關係。回到校友會、加入職業工會，準備好與一些人喝上幾杯。甚至是咖啡。

4. 重新振作自信心（reboot）

成功重返職場的人，會不斷提醒自己要提起自信。一個職業婦女開玩笑說，已習慣與智商低於一百的孩子相處十年後要重返職場，理所當然會對自己失去信心。我聽過這樣的說法不下千次，我便順勢開玩笑，發明了一套數學假說，我稱之為「費思桐的固定家庭智商理論」。

理論大致如下。有兩個有著正常智商的成年人，展開交往並開始一起生活。兩人的總和成了家庭智商。不幸的是，這個數學理論假設，家庭智商是不變的數字，無論有多少家庭成員，家庭智商的總和都會相同。所以，伴隨著孩子的到來與成長，他們占據家庭智商的部分愈來愈多，父母必然會變得愈來愈笨。孩子長得愈大，就占據愈多的家庭智商，而父母能分到的智商就愈少。當孩子長成青少年時，父母已經如同木頭一樣笨，總會因為低智商與判斷力不佳，受到孩子不斷白眼。當孩子大到離開家時，父母就又神奇地恢復了本來的智商。孩子離家後，這些父母談到了一些之前不可思議的情況，像是孩子開始尋求他們的建議，也願意到他們的公司去陪伴他們。有無數的空巢期父母都有相同的情形（我雖然尚未完成新的假說，但我認為，當成人與孫子孫女共同生活的時候，也會變得愚蠢。如果你完成了這方面的數據，一定要通知我）。

固定家庭智商理論雖然只是個玩笑，但沒自信的問題真實存在而且相當嚴重。在凱蒂・凱（Katty Kay）和克萊爾・史普曼（Claire Shipman）的《信心密碼：放手做，勇敢錯！讓 100 萬人自信升級的行動指南》（*The Confidence Code*）一書中，提出證據顯示，女性往往較缺乏自信。當被問及在測驗中的表現如何時，女性往往估計答對的題數比實際答對的題數少。有個英國研究顯示，商學院教授問學生們，畢業五年後應該賺多少錢，女性估計的數字比男性少了 20%。即使離開職場數年，也幾乎不會提升女性的信心水準。我認識一名畢業於兩所長春藤名校的傑出女性，她離開全職工作將近十五年，在快要五十歲時，由於面臨離婚而想要重回職場。當她剛開始回來工作時，我對於她傑出的能力和過低的自信所產生的不協調性感到震驚。起先，她很擔心一個殘酷的事實，公司中滿是時髦的年輕人，她會跟不上潮流。她擔心自己的方法和科技知識，甚至是電腦報告用的軟體，會將她與「老人」畫上等號。然而，她後來有融入公司嗎？度過焦慮初期後，她讓自己環繞著渴望學習的年輕人，彼此開始一種雙向指導模式，她學會了新的技術和科技，也發現年輕世代很欣賞她的才華與智慧。「有些我可以做到的事情相當有價值，是這些時髦小夥子辦不到的。我會向他們學習，反之，他們也是。」這位女士現在已經成為一家全球諮詢公司的總裁，也成為計劃重返職場的典範。

投入事業與為人父母並非二選一的選擇題

如果雇主與員工無法想出解套方法，讓終結事業與為人父母的角色不再是二選一的選擇題，實是一種罪孽。雇主總是渴求適當的人才，而父母想要合適的工作。企業需要為職場中的父母制定更有彈性且開明的規定。同時，工作取向的家長也需要制訂策略並採取行動，包括尋找對家長身分友好的雇主、找出適合自己的家庭輔助系統、學會訂定工作與生活的分界，以及管理自己的時間與精力分配。「重返職場」的計劃應該成為國際間的常態，以重新定義過去的經驗、更新能力、重新連結職涯生態系統，以及重振自信為大方向而努力。事業與為人父母角色的平衡所帶來的效益將會非常可觀，包含了增加生產力、增加創新，以及更快樂的人生。

12

擁抱國際舞台，是華而不實的追求嗎？

既來之，則安之。

——孔子

環遊世界始終位居許多人人生目標排名的前幾位。有趣的是，不論是年輕的夢想家，抑或是閒閒沒事做的退休老人，這是個橫跨所有年齡層及不同國家的人共同追求的目標[13]。大部分的人都想去不同的國家走走，但又有多少人真的願意離鄉背井到國外工作？有愈來愈多職涯選擇，關乎全球機會與競爭，你該如何抉擇，在什麼時候、在哪裡、用什麼方式，來參與一份國際工作？接受一份國際工作有哪些好處，需要面對什麼樣的現實以及潛藏多少危機？一起來看看卡爾・穆爾（Karl Moore）的例子。

簡介：你將前往的地方

姓名：卡爾・穆爾

年齡：五十九歲

身分：麥基爾大學管理學院的副教授，作家

最佳落點：結合學術界、企業界，以及國際經歷之處

在一趟從蘇黎世飛往吉隆坡的航班中，卡爾算了算，自己在四十年中已經造訪了四十一個國家。他總是希望所到過的國家數目要比自己的歲數來得大，而他終於實現了這一點。而今，他五十九歲了，仍然持續成功地達成目標，護照裡蓋滿了六十個國家的出關章，並打算再添上緬甸和盧安達兩筆。卡爾是蒙特婁麥基爾大學管理學院的教授，也是世界知名的全球化理論權威，他理所當然去過許多國家。

他的事業便是我們愈來愈容易接觸到國際市場最佳範例。卡爾在加拿大多倫多長大，並在加州接受大學教育。他曾在 IBM 從事系統工程方面的工作，也曾在日立公司（Hitachi）從事全球產品管理。完成全球產業相關的博士論文後，他在歐洲各地，包括英國、荷蘭、法國和芬蘭等地從事教學工作，也在東京住過三年。他決定回到麥基爾大學，並與世界頂尖的管理專家亨利・明茨伯格（Henry Mintzberg）博士一起工作。

2006年時，卡爾想到了一個好主意。他帶領二十名麥基爾管理學院的學生，到內布拉斯加州的奧馬哈朝聖，為的是向傳奇投資大師華倫・巴菲特（Warren Buffet）學習。該活動後來名為「世界熱門城市」的系列課程而著稱，學生可以申請陪同卡爾一同到班加羅爾、多哈、雅加達及莫斯科等全球市場進行深入探討。卡爾解釋說：「這是一個帶領國家未來人才，邁向未來所在的課程。」

他認為國際經驗是現今職涯發展的重要元素之一。「過去，你和國內的學生及工作者競爭。」他說。「而今，你與世界爭取工作和客戶。這就是為什麼體驗其他國家的生活顯得如此重要，特別是要認識在高度成長與創新的市場。」

全球思維便是一種強而有力的共通能力，讓人懂得欣賞多元的想法與文化、打開機會之門，並且通往全新的經驗。不論你的職涯目標為何，踏出舒適圈都能使人生更加多采多姿。卡爾鼓勵學生，不論在校或畢業，都要盡可能多多探索國際市場。「有時候，學習他國語言相當困難，甚至近乎不可能，但不要放棄。多了解他國的歷史、地理及人文。你可能不知道，當你努力學習他們的歷史、偉人和音樂時，就算只學到皮毛，對方會有多感謝你願意了解他們。」

國際經驗會讓你的個人與專業經歷都更加豐富。「你有機會與更多人交談，這也會成為你工作面試時一個很好的開場話題。」卡爾說道，「邁向全球」的最佳時機，不外乎是在二十幾歲或三十出頭的時候。這個年紀的人大多單身，或者剛組織新家庭，搬遷相對而言比較容易。這個時候才有自由去試驗與探索。看看不同的產業、各式各樣的人和國家。

卡爾的背景證明了他的方法是有效的，國際經驗是讓他的事業與眾不同的關鍵。他將深厚的學術權威、業界龍頭的實際工作經驗，以及對於各國第一手的了解，結合在一起，風格獨樹一幟。這讓他在近數十年來，能有條有理地建立專業知識，成為大受歡迎的專家。誠如卡爾所建議的：「確實地了解至少兩大洲的事物，其一是你的家鄉，再選另一個洲。那些成功的人都曾經刻意踏出腳步，去探索世界，以擴展自己的視野。」

賈斯汀・克魯阿涅斯（Justin Cruanes）正是那個勇往直前、接受全球挑戰的人。幾年前，賈斯汀參加了麥基爾大學由卡爾所開設的「世界熱門城市」課程，遠赴中東探險。賈斯汀曾在他非洲蒲隆地的臨時住所，透過Skype與我交談，提及這趟旅行激發他想要進行全球探險的欲望，但是他更想在全球企業中心深入拓展事業。

簡介：親眼見證新興世界的崛起

姓名：賈斯汀·克魯阿涅斯

年齡：二十六歲

身分：東非蒲隆地的非政府組織，一畝基金會（One Acre Fund）的業務人員

最佳落點：新興世界的經濟發展

賈斯汀出生於美國，在美國與法國兩地成長，並在麥基爾大學就讀經濟學與財務金融。

賈斯汀是一個隨時保持戰鬥狀態的冒險家，曾花了兩個夏天，在敘利亞成立一間文盲工人學校。2011年，他在敘利亞找尋長期工作計劃，但是因為受到阿拉伯春季暴動影響而中止。於是，他採用B計劃，搬到摩洛哥的拉巴特，在一家與美國國際開發總署（USAID）簽約的公司實習，致力於改善當地地方自治。接著，他到瑞士非政府組織Terre des Hommes，專注於兒童保護。賈斯汀說：「我喜歡及早承擔責任的感覺。雖然我當時才二十四歲，但在這三個組織中，總共有十八名員工要聽我的指揮。」一年後，他開始思考下一步，不知道自己該專注於人道救援、經濟發展，還是私營機構。

賈斯汀在一年前找到一份很好的工作，與一畝基金會簽下了為期兩年的工作合約。賈斯汀解釋：「這是一個社會企業，以分期付款的方式，提供當地農民種子、化肥、樹木、太陽能燈具和爐灶等農業用品，附加農業培訓。目標是幫助蒲隆地、盧安達、肯亞和坦尚尼亞等地的農民，種植豆類、馬鈴薯和混種玉米，以建立經濟上的自給自足。」

賈斯汀真心敬佩一英畝基金會及其「農民第一」的理念。他具有社會使命感，也喜歡到比較獨特且較少人去的地方旅行。他喜歡像是一英畝基金會這樣的機構，賦予他責任和機會，去創造社會影響力。

他的主管和同事都是聰明人，他的主管是西北大學的工商管理碩士，賈斯汀能從他身上得到很多建議和支持。至少每半年賈斯汀就會收到一份發展計劃，其中包含接下來的發展目標，以及對其表現的回饋。

在蒲隆地，賈斯汀深入當地社區。他住在距離市中心一小時車程的小村莊，村莊內只有不到六千個居民。

賈斯汀自己煮飯，每日的食物是米飯、豆類和甘藍菜。他曾吃過苦頭，學到最好不要在當地醫院就醫。但如果病得不輕，最好是到內羅畢或墨西哥灣沿岸看診。當地的水電供應斷斷續續，有時候隔一、兩週才有水電。在這裡，偶爾才能透過衛星訊號收到網路。所以，當我們透過 Skype 交談時，竟然能夠持續超過三十分鐘，完全沒有中斷，這讓賈斯汀非常驚訝。

賈斯汀承認，在當地，短期看來的經濟上的報酬相當低，但由於當地生活的花費也很低，所以還算是能自給自足。賈斯汀說：「我現在比住在紐約、倫敦或巴黎的許多同事存了更多錢。」他也認為長期的經濟報酬將會很可觀，「我在與世界一流的人才學習，學習及早承擔責任，並在快速發展的市場上學到第一手的創業能力。」

就如同許多突破傳統的人會面臨的狀況，很多人對賈斯汀說：「你一定是瘋了！」「去找一份真正的工作吧！」在法國的教育體系下，大部分人都以努力取得碩士學位為目標，多數人都不認為非政府組織的工作是一份真正的事業。然而，身為美國與法國的跨國企業家，賈斯汀的父親鼓勵他：「不要單單以賺錢為目的，做一些有趣的事」。賈斯汀說：「對我而言，最棒的事業就是將夢想與工作結合。」賈斯汀建議有意追尋全球事業探索的人：「勇敢踏出去，待在家不可能找到有趣的國際工作。搬到當地，入境隨俗，建立人際網絡，讓對方容易接受你的請求。」

截至目前為止，他在職涯中做了許多嘗試。想到未來，他也正考慮是否再多參與一、兩個國際非政府組織的工作，比如到北非、中東或南美洲。他應該攻讀公共行政還是商學碩士呢？他應該留在非營利組織，還是進到私營機構，擔任顧問或跨國銀行的工作？他有點擔心，在非政府組織的世界待了太長時間，會被視為沒有生產效益的工作者，那營利事業的工作機會就會一一關上。賈斯汀認為，自己有可能在世界銀行或國際貨幣基金組織等關乎全球重大發展的組織中，或者在需要了解新興市場經濟發展的全球諮詢公司裡工作。

賈斯汀的全球經驗與大多數人迥異，但它強調了國際事業發展的核心價值。藉著離開舒適圈，賈斯汀很快地接觸到事業的真正樣貌。他聰明且幸運，能在艱苦但有一流培訓及回饋的組織工作。他發現這份工作不僅極具挑戰性、且富有意義。他親身體驗國際工作，並藉此培養多元能力，為職涯添上了不凡的一筆。因此，他擁有更多不同的經驗，以及更寬廣的職涯選擇。

回到第十章中所談到的職涯第三階段，我們認識了寶鹼加拿大公司的前總裁提姆。他在退休後，藉著成為社區領導人，找到了新的生活目標與樂趣。提姆事業中的很大一部分都與國際工作有關，其中的經歷有好有壞。

提姆的國際經驗始於三十歲，當時，他在寶鹼加拿大公司升遷穩定，但他開始找尋更多的機會。「公司正往國際市場擴展，看起來是大有可為的方向。」所以，提姆和妻子帕特，決定帶著成立不久的家庭，移居到英國。他繼續在英國大放異采，為公司的保健與美容業務帶來轉機。「國際工作很棒，因為它能帶你離開舒適圈。學會信賴眼前的團隊比任何事都重要，因為過往的人脈網絡與當時建立關係的聯絡人，已無用武之地。」這不論對於提姆的事業還是個人，都是非常受用的經驗。讓人更羨慕的是，他和團隊曾力挽當地寶鹼公司所面臨的窘境。「我接手公司時一團混亂，簡直糟糕透了！但這不完全是件壞事，困境能迫使你學習，用盡全力，你也可以在過程中知道，誰才是能夠信任的人。你很可能會因此喪失鬥志，你必須學會孤注一擲。」他接下來進入了寶鹼位在美國辛辛那提的總部，這個轉變助益不大，反而懷念起過去的責任跟自由，他隨後發現，這步棋下得並不好。

在總部待上三年，他並不快樂，表達強烈，想要回到加拿大的意願。當公司重組北美業務時他申請回到加拿大，渴望在總部之外展現自主性和影響力，想要在自己的家鄉深耕。果真，這對寶鹼和提姆來說，都是相當成功的一次調動。提姆利用自己在世界各地累積的能力，重振加拿大寶鹼公司了無生氣的團隊，他和團隊在十二年間，創下了人人稱羨的紀錄。

提姆反思了自己的全球經驗。「在考慮國際工作時，關鍵在於你和整個家庭都應該視其為一趟冒險旅程。當你找不到孩子向來喜歡的早餐麥片、自己的嗜好、常看的運動賽事時，全家必須意識到這是冒險的一部分。每個人都要有這樣的認知：『我想知道這地方的孩子都吃些什麼當早餐』，試著把握機會好好學習、不斷嘗試。如果你還沒準備好加入這趟冒險，那你根本不應該踏入國際工作。這些冒險會使得家庭關係更加緊密，成為歡笑的泉源，而非帶來更多的淚水。」

提姆在寶鹼待了整整三十年，一般人認為長期待在同一家公司，學習必定會受限，而他完全打破這樣的想法。「曾有數百人告訴我，只待過一家公司是個錯誤，但這個說法並非每次都成立。最重要的是，找到能成長、學習且創造機會的地方。從我二十二到五十歲間，我在公司內的學習曲線十分驚人。在那之後，顯著的學習才來自公司之外。」提姆繼續說道：「別拒絕任何機會，直到你四十五歲為止。在做任何職涯決定前，都要問一問自己：『我的這一步會讓我把握機會，還是錯失機會？』我有許多同事都為了更高的頭銜或更多薪水而離開公司，但這樣反而讓他們失去更多。為二流的公司工作，只會錯失機會。先從自己的公司內部找找，機會或許就在你身邊。」

如果現實讓你無法搬遷到國外工作，那該怎麼辦？在你能力所及的範圍內，還有其他更實際的選項嗎？你可以考慮在國內專門負責國際客戶的部門工作，然後申請為期幾個月的短期工作，去填補一些國際職缺的空窗期。你也可報名一些國際議題的課程，參與國際業務分析的特別計劃，例如評斷即將進駐你國家的外國競爭者，或者幫公司思考是否要拓展國際版圖、自願參加或提供國際訓練計劃。接著，讓主管知道，國際工作才是你長期職涯的目標。最後，再三確認自己的想法廣為高階主管們所知，因為國際工作不是中階主管所能決定指派的。

值得一試的一場冒險

每當想到卡爾、賈斯汀、提姆，以及我自己的國際經驗，我深信接觸國際事務是現代職涯中不可或缺的一環。長遠來看，它能增加事業的多樣性、強度、差異性，以及新鮮感。斯賓塞・斯圖亞特（Spencer Stuart）說過，近四分之三的執行長曾參與或監督國際工作，他們的平均股東回報遠高於沒有國際經驗的執行長[14]。

國際工作無法保證我們成功或順遂，抑或是得到亮眼的報酬。有些人會擔心，自己因為擔任國際職務，致使別人看不到自己的表現，但就我的經驗看來，結果恰恰相反。有國際工作經驗可讓你的履歷更豐富，而非更單調。然而，重要的是，你無論在發送或是接收市場狀況時，都有人可以協助你完成。國際間的種種轉換，往往窒礙難行，在稅率、外匯及簽證的問題上，都要尋求專家的建議（最好是出自公司內部）。如果你評估錯誤，有可能造成公司負擔，成為一大壓力來源。善用自己的職涯生態系統，讓國際的兩端都有人能支持你的理想。從總部進到「小市場」，能讓你見識到如何用較少的資源完成任務；而從小市場到總部「朝聖」，能讓你了解如何在更大的規模上處理複雜的事務。不過，最關鍵的還是保持正確的心態，國際工作必須被你和家人視為一場冒險。

13

逆境中如何不提早出局？

每個人都有自己的作戰策略，直到他臉上中了一拳。
——前重量級拳王麥克・泰森（Mike Tyson）

我可以向你保證，在職涯中你一定會遇到許多挫折：被資遣、炒魷魚、錯過加薪或升遷的機會、感覺自己在原地打轉，或被強迫提早退休。在長期的職涯規劃中，困境是正常且健康的狀態，重要的是面臨困境時該如何克服。

工作上遇到挫折時，首先必須認清問題的本質。這本來就是無可避免的事、還是主觀認知的問題，抑或是績效問題呢？假如只是無可避免的情況（像是公司無預警被收購），那就別執著於此。在難過或發洩怒氣之後，趕緊振作起來面對這場硬仗。從容不迫地將事情處理好，然後繼續往前。

工作上的挫折也可能是因為你的能力、抱負或工作表現遭到誤解。例如，你的新上司對於你的能力或過去的貢獻還一無所知；或者，公司對你想要的職位並不清楚，所以不斷忽略你；也可能是公司因為一件罪不在你的事錯怪了你。千萬不要抱怨上司或公司看不見你的優點，把它當成一個任務，目標是要讓他們看見最好的你。如果你已經表現出最好的自己，那就試著建立良好的關係。先搞清楚別人是怎麼看你的，然後證明給大家看，你並不像他們所想的那麼糟。

然而，很多時候我們被察覺到的缺點是真的，當你發現真正的問題是自己達不到標準時，就得誠實地面對自己的不足。掌握良好的競爭能力與績效應有的表現，努力實踐它，不能逃避問題。如果有同事比你早晉升，你可以默默地觀察他過人的能力是什麼，然後，打造讓你想要升遷、加薪或是得到新任務的動力。

某些職涯上的挫折是可預測且可避免的。譬如，對接下來會發生的狀況提高警覺，就能避免自亂陣腳，無論是公司組織、整個產業動態或個人的表現都是如此。當你發現有任何環節不對勁時，就要先擬定好 B 計劃，培養能預防這類風險的技能與人際關係，讓自己在原訂的計劃之外有其他選擇。

無論在工作上遇到的挫折能否事先預測，你都需要一個好方法來加速度過這段困境。我們在第十一章重返職場所學的 4R 策略，能在大多數的情況下幫助你快速重回軌道。當你被炒魷魚或是遭到忽視時，就採取 4R 策略，讓自己克服工作上的挫敗。

重新看待（reframe）你過去的經驗，使它能連結到未來，而不只是停留在過去。

重新改造（refresh）不足或不適用的能力，展開新生活不是虛張聲勢就好。

重新啟動（reconnect）職涯生態系統。你可以透過熟人、專家、重要的同事，或是在職場上表現出類拔萃的人來督促你前進。

重新振作（reboot）自信心，和認識且懂你的人聊聊，回顧你這些年來的長處與貢獻。然後，鼓起勇氣。

適時調整心態

同時為作家與倫敦商學院（London Business School）研究員朱爾斯・戈達德（Jules Goddard）博士指出：「當你在工作上遇到挫折時，那就回歸人性面看看。」他在中年主管的身上發現，仍然有許多人對自己的生涯感到焦慮與失落。四十五歲也常常是人生感到不快樂的年紀，煩惱的原因也都類似。無論在任何年紀，每在工作遇到挫折時，他建議大家調整態度與心態。離開舒適圈，到城鎮裡不熟悉的地方走走；去旅行，擺脫會阻撓你進步的事物；甚至到附近的機構當一天志工，都會對你有幫助。重新接觸周遭的世界，從中感受這些人事物的重要性。重新找回在人性中時時刻刻提醒你所擁有的一切幸福，你也能從中領悟，該如何走出困境。

戈達德與我都同意，要從工作的挫敗中走出來，最大的敵人是自傲。有自信心是健康且必要的，虛張聲勢、否認現況，以及不切實際都毫無幫助。過度保護自己，只會變得脆弱不堪，逆境與壓力都是健康的一部分。戈達德指出，當我們在無重力的太空中，就不會對骨頭施壓，但這麼一來它們也會變得脆弱。你的自信心必須與你在職場上的競爭力相輔相成。有時，你也必須停下來、甚至往回走，才能繼續向前邁進。所以，當你因為工作不順而停滯時，記得把自傲擺在一邊，它會阻饒你前進。

每當妮洛弗爾・麥錢特（Nilofer Merchant）在生活中或職場上遇到逆境時，她總能重新振作再出發。我們來認識一下妮洛弗爾。

簡介：做真實的自己

姓名：妮洛弗爾．麥錢特

年齡：四十七歲

身分：作家、顧問兼演說家

最佳落點：將逆境轉化為成功

十八歲這年，妮洛弗爾為了慶祝父母在她的配婚中找到了適合的對象，回家拜訪親戚。但她並不關心她的對象，僅在乎一件事情。「我問我的叔叔，我要嫁的那個男人知不知道，我想去念大學的事情。但叔叔跟我說，我的母親不讓他這麼做。」妮洛弗爾回想。「我的母親是一名呼吸治療師，但她覺得女孩子不要念太多書」。妮洛弗爾的母親因為教育程度而擁有一份能夠自給自足的工作，卻不讓她去大學念書，這件事令妮洛弗爾非常惱怒，這成為她與母親之間的心結。她後來離家，並跟母親說，如果未來的丈夫不讓她念大學，她就會拒絕這樁婚事。

「我純粹做戲地把幾本書和衣服丟到袋子裡，一路走到當地的咖啡店，等母親打來告訴我，說她會重新考慮這件事。我本來以為這件事只要幾個小時就會解決。」但我一直都沒接到這通電話。「我完全低估我母親執拗的個性，也低估了自己的固執。」此刻，在雙方都不願低頭的情況下，妮洛弗爾知道自己不能回家，她口袋裡只剩下一百塊錢，她只好到朋友家借宿一晚，一邊想想接下來的對策。從此之後，妮洛弗爾和母親一直都保持著疏遠的關係。她為自己找了間房間，也應徵了一份兼職工作，暫時安定下來。「那段時間我吃了很多泡麵，因為一塊美金就可以買到二十箱泡麵。」她回想。「我就這樣湊合著吃。」

要把一個手足無措的青少年與眼前妮洛弗爾的形象連結起來並不容易，她現在給人的感覺是如此自信且幹練。如今接近五十歲的妮洛弗爾，事業做得有聲有色，她為多家大公司工作，像是蘋果公司和歐特克股份有限公司（Autodesk）。她曾負責推出一百多項產品，淨銷售額達一百八十億美元。妮洛弗爾也是兩本備受好評商業書籍的作者，被公認為是全球管理思想家排行榜「Thinkers50」之中，最有可能影響未來管理的人。她的婚姻幸福，目前與丈夫卡特及十歲的兒子安卓一起住在巴黎。

妮洛弗爾起初任職於蘋果公司，擔任行政助理的工作，多虧高中好友的推薦，她才能透過臨時工仲介機構找到這份工作。這是一個很幸運的機會，她的主管給她許多空間，讓她去主動協助其他計劃，即使這些都不屬於她正式的工作範疇之內。妮洛弗爾積極參與、也渴望學習，藉此機會得到了更多經驗及表現的機會。「基本上，每個需要幫忙的計劃，我都會舉手自願參加。」她說。她提到自己有多認真去學習每一項計劃所需的能力，更因此獲得了工作態度扎實的聲譽。「我花了極長的時間學著去做沒碰過的事，即使要工作到深夜，我也願意接下額外的工作。我不停接下各式各樣層次更高的計劃，周圍的團隊都十分感謝我主動幫忙，因此願意在過程中指導我。」儘管工作量十分驚人，妮洛弗爾仍然堅守對自己的承諾，繼續接受教育。她在職進修，取得舊金山大學（University of San Francisco）應用經濟學的學位，以及聖塔克拉拉大學（Santa Clara University）商學碩士學位。

妮洛弗爾將自己在蘋果公司的順遂，歸功於自己「凡事都說好」，以及願意接受挑戰的態度。即使是一條岌岌可危的生產線，產值不斷下滑，公司內部沒有人想要接下的工作企劃，妮洛弗爾仍然點頭答應。但也因為這個企劃，讓妮洛弗爾得以有機會領導屬於自己的團隊，也把一條市值僅有兩百萬美元的產線，變成一億八千萬美元的收入來源。這一戰不僅贏得公司中大部分人的認可，也因此得到了媒體關注。

妮洛弗爾已經準備好迎接新的挑戰。在她加入歐特克之前，曾先踏入一家名為GoLive的創業公司，二十九歲的她就擔起市值高達三億美元的部門。然而，成功需要付出代價。「不當的交際應酬與進退應對，讓我在歐特克公司敗得一蹋糊塗。」她承認。「事後看來，當時的我不夠成熟，只有一身狂傲。一直以來我都那麼成功，我完全覺得自己是個狠角色，即使要踩著別人的頭往上爬，我也願意。但事實證明，這不是推進事業的最佳方式。」

為了面對在歐特克的失敗，也想離開商業界中的官僚文化，妮洛弗爾決定打造屬於自己的顧問公司，也因此她在往後十一年中與世界一流的客戶來往，其中包含了羅技（Logitech）、賽門鐵克（Symantec），以及惠普（Hewlett-Packard）等。有聲有色的事業自然需要付出相應的代價，妮洛弗爾與家人相處的時間愈來愈少，她的兒子因此常常在學校惹是生非，她不得不更加留心他。儘管嘗試了多種替代方案，妮洛弗爾仍然意識到自己必須要離開事業，將重心移回家庭。要離開花了十年時間一手打造的事業是相當艱難的決定，這也讓她頓時失去了自信。「在那一刻，我真的覺得自己是個廢物。」她回想起來。「我當時覺得自己的職涯已經完蛋了。」

妮洛弗爾生平第一次感到失去方向，至於為何轉換跑道去寫書，幾乎可以說是陰錯陽差。「我一身睡衣，沒有地方可以去，我想也沒有人會記得我。我無所事事，就隨筆寫寫。我寫的許多作品都與商業的未來有關，最終它們都成為我第一本出版著作的基礎。」《企業新指南：藉由合作策略與開放政策創造商務解決方案》（*The New How: Building Business Solutions Through Collaborative Strategy*）一書出版後，旋即一炮而紅。

妮洛弗爾注意到，她事業中許多最高的成就，都起因於本來被歸類為人生敗筆的事件：離開了歐特克，令她開創出屬於自己的成功事業；但也因為這份事業的終結，讓她步上作家與演說家的道路。這些經驗教她應該學會坦然接受每段變動時期，儘管這些時期如此讓人不安。「二十幾歲時，我從來沒想過自己會踏上這一步；三十幾歲時，我心想：『我到底都在做些什麼？』」她回想起來。「如果可以回到過去，我會告訴年輕的自己，壓力不用這麼大，放下擔心的一切，只管享受當下。」

妮洛弗爾經歷的一切考驗和磨難，讓我們知道，在職涯的過程中，可以如何和真實的自我拉扯。妮洛弗爾從來不向逆境低頭，並在經過起起落落之後，找到屬於自己的最佳落點，成為一名作家兼顧問。她藉著壓力與逆境，打造了新的「免疫系統」，從每次的挫折中學習，也為自己的行為負起責任，辨認出什麼樣的舉動弊大於利，並採取必要的行動去修正。

體育的世界中有許多成功事業的故事，但其中其實也有身陷風險及失敗的例子。如果你在職涯中遇上突如其來的挫敗，該如何應對？如果在你三十幾歲時，有人告訴你，你不能再做你擅長也最喜歡的事，你又該何去何從？每天與職業運動員共事的安東尼・羅里葛茲（Anthony Rodriguez），對於這樣的窘境已經見怪不怪了。

簡介：在三十五歲前重新開始？

姓名：安東尼・羅里葛茲

年齡：三十三歲

身分：Lineage Interactive 的共同創辦人，同時是職業運動員的顧問

最佳落點：當運動員面對殘酷的現實，在非常年輕就得退休時，為他們提供諮商

「我對於運動員在他們最後一季比賽時心理產生的變化非常好奇。」Lineage Interactive 的共同創辦人安東尼這樣說。Lineage Interactive 幫助名人（大部分是運動員及音樂家）創立自己的品牌，這間公司在無論他們現役或退役時都協助他們發展事業。「他們之中有許多人都必須在剛邁入三十歲時就開展新的事業，但往往他們想發展某些領域，卻對其一竅不通。」

現實是，大多數職業運動員的職涯步調都又快又緊迫，同時也短得眾所皆知。就整體而言，國家冰球聯盟（National Hockey League）球員的職業生涯平均是 5.5 年，美國職業籃球聯賽（NBA）則是 4.8 年，至於國家美式橄欖球聯盟（NFL）則低至 3.5 年[15]。「沒有人曾經真的寫下，大部分運動員在最後的賽季會經歷什麼。」安東尼指出。「運動員經歷的最後賽季，就相當於一般人在六十到六十五歲時所經歷的職涯階段。對於在一般職場的人來說，此時已歷經了相當長度的職涯了，但對運動員而言卻不然。」

安東尼將職業生涯的最後十年，花在幫助運動員通過他們的過渡時期，客戶包括籃球、曲棍球、高爾夫、網球以及足球等選手。這個工作需要能點出殘酷的事實，即使因此需要告訴客戶他們不願聽到的事。許多名人及運動員長期以來一直被一群害怕被解雇而不敢說實話的應聲蟲所環侍。安東尼則反其道而行，堅持絕對誠實，認為客戶必須要做出艱難的決定。「大部分的運動員要選擇在接下來的三十年中以什麼為工作，其中有一大先決條件是，這份工作不能是他們從十歲左右起就開始做到現在的事。」安東尼解釋。「他們的 A 計劃從此不再適用。」

職業運動員普遍將大部分時間奉獻在精進運動表現上，因而忽視了諸如社交、其他嗜好、金錢與事業管理等方面的能力和活動。對安東尼而言，幫助客戶重新發掘熱情及興趣所在，是關鍵的第一步。「當人們試著找出自己的最佳落點時，我會鼓勵他們做一個簡單的練習，只要回答三個問題：你擅長什麼？你熱愛什麼？這個世界需要什麼？」

由於前兩個問題是很直覺性的問題，因此安東尼認為第三個問題：「這個世界需要什麼？」才能將一切交織成足以承受艱難和失敗的信念。「如果你忽視了第三個問題，將會常常感到挫折，特別是如果你已經習慣了那些實質的獎勵，而那些獎勵卻都來自你不再從事的事業。只有一些運動員在年輕時就賺足了一生的財富。許多運動員無法順利通過過渡期，只因為太習慣從前高額的收入與揮霍無度的生活態度。扣掉經紀人的費用、稅金以及其他開銷，通常剩下的錢都不如預期。」令人難過的是，許多職業運動員最終落入破產、抑鬱、失業的命運。根據《紐約時報》（*New York Times*）的報導，估計有 60% 的美國職業籃球聯賽球員，在離開球場五年之內就面臨破產，而國家美式橄欖球聯盟的球員更是只需兩年的時間[16]。

然而，仍有些人做得不錯。艾倫・休斯敦（Allan Houston）就是一個亮眼的例子，他在退役後仍握有成功的事業。艾倫在第一輪選秀選中，就被選至美國職業籃球聯賽的底特律活塞隊（Detroit Pistons），他之前是田納西大學（University of Tennessee）的明星球員。艾倫隨後在紐約尼克隊（New York Knicks）繼續發光發熱，甚至贏得了強力團隊球員，以及隊史上準確度最高射手之一的美譽。在剛踏入三十歲時，他的職籃生涯就結束了。艾倫說：「我的雙腳再也承受不住，我能待在場上的時間愈來愈少。一段時間後，我決定不要再打下去了，我不希望我的身體在餘生中不聽使喚。」

但艾倫非但沒有成為報章雜誌上時而出現的那種「他們現在在哪裡？」的八掛頁面上談論的人物，反而事業蓬勃發展。他成為一名主管、企業家，也成為社區中的領導人物。他在退休後時來運轉，擔任美國職業籃球聯賽的國際大使一段時間。艾倫在當球員時曾是紐約各大媒體的焦點，於是他運用當時學到的技能，到ESPN 運動網站擔任分析師。過了大約一年，紐約尼克隊的總經理唐尼・華許（Donnie Walsh）提供艾倫一個有趣的職位，希望他到尼克隊內部學習運動管理。艾倫將他驚人的好奇心展現在工作上。「我總是向我所尊敬的人尋求建議。」他觀察、自我充實，同時不忘提出疑問。「關於球探、營運和管理還有好多需要學習，這些顯然沒辦法在球場上學到。」艾倫如今已然晉升為威斯特徹斯特尼克隊（Westchester Knicks）開發團隊的總經理，以及紐約尼克美國職業籃球聯賽球隊的協理。

隨著艾倫的進步，他愈來愈了解人際關係的價值。縱觀艾倫的人生和職業生涯，他的父親一直是個核心人物。艾倫從他身上學到關於透明行事與直接了當的態度，對於他後來成為成功的經理及領導者都有關鍵的影響。艾倫學到「尊重他人，即使尊重難以用言語表達。」當我問他管理的哪個方面最為棘手時，他回答：

「球員交易和開除球員。告訴那些富有展望及夢想的人壞消息，是最困難的部分。」

艾倫觀察到，現今的年輕球員比起前幾代需要面對更大的壓力。「年輕球員經歷的過程跟以往不同，他們吸收的資訊量既大又更新快速，以至於他們看到了即時的結果，造成高度期望，認為自己比實際狀況更接近明星。現今的年輕球員需要有耐心，尊重權威與前輩的指導。他們得要相信中間的過程，因為獲得資訊並不代表擁有智慧。」

艾倫的智慧早已超越了運動領域，進而延伸到整個人生中。除了運動管理事業，他的生活還包括虔誠的信仰、妻子和七個小孩、幾個創業型企業，以及一個表彰父親的基金會。當艾倫被問到，他是如何管理這些事務時，他解釋說，個人紀律與核心價值觀讓他度過每個禮拜，並幫助他決定如何分配時間。艾倫以一些實際經驗為根基，發展出一套具有信念、誠信、犧牲、領導，以及傳承生活的方式。關於領導，艾倫提到：「你可以用很多不同的方法表現所謂的『領導力』，你不一定要是隊長；認清自己扮演的角色，並不需要凡事親力親為。」艾倫非常感激妻子和家人對他的全力支持，但他也知道需要劃清界限。「我正在學習拒絕別人。有些事情我必須要做，也有些事可以交由別人領導。同時，我也儘量減少旅行的次數。」

艾倫對和父親有關的議題有著深刻的熱情，還創辦了紀念基金會。「我的父親是位無比強大的人物，絕不單單只是個籃球教練。我很榮幸我是他的兒子。」透過這個基金會，艾倫想要分享他所經歷的喜悅與知識。「許多年輕人都該學學如何當個男人及父親。」他建議那些生命中缺少一位好父親的年輕男性：「如果你認真尋找，永遠都會有人在背後支持你。沒有人什麼都會，永遠都會有人幫助你跨出下一步。」

艾倫總結早年遇到的退休危機與之後的人生旅程，提出以下的建議：「弄清楚你要做什麼？什麼是你熱愛的？或許一開始並不明朗，那麼就找個你的才能和熱情能用來影響世界的地方，準備好踏上接下來的路程，就算覺得不適合也沒什麼大不了，那本來就不是一件容易的事。為了完成你決心要到達的目標，要勇於承受艱難。找個導師，讓你的人生可以被一套核心價值觀所支撐。」

我們之中幾乎沒有人像妮洛弗爾一樣，在十八歲時就落得身無分文又無家可歸；或者像艾倫一般，在三十歲時就被迫面對退休的問題。但在他們的身上，我們能學到很多戰勝職涯逆境的方法。善用好奇心，以探索為武器，必然的挫敗，可以用技能和經驗擊退，打造全新的「免疫系統」。當你已盲目得不知道什麼才是重要的事，記得不斷找回初衷、回歸人性面，確保你還有堅固的自信心。如果你的失敗不僅是因為運氣不好，就採取行動，去尋求還須要補足的關係或技能。千萬別讓自負阻礙你的成功。有時，為了前進，需要先向後退幾步才行。無論如何，都要忠於你的核心價值觀與真正的自我。

14

我會被機器取代嗎？

我在乎的是未來，因為我的餘生將在那裡度過。

——發明家查爾斯・凱特靈（Charles Kettering）

幸福與否取決於內省的功夫。

——威廉・沃德（William Arthur Ward）

職涯很長，與我們的生活息息相關。所以，當談論起事業的未來樣貌時，有些普遍性的問題需要我們去努力克服：

- 我會被機器取代嗎？
- 我未來會在哪裡，又是如何找到工作的呢？
- 我該如何運用時間？
- 我會入不敷出嗎？
- 怎樣的工作才能使我更開心？

去年夏天某個艷陽高照的日子，我在紐約約克城高地的 IBM 托馬斯・華生（Thomas J. Watson）研究中心，度過美好的一天。華生實驗室擁有世界上最先進的認知運算與人工智慧科技。我看了一場以現今機械所能及的種種為題的示演。其中有一段影片，內容講述一種能夠學習識別、選擇和移動物體的機器人，能以英文聲控也能做出回應，也就是所謂的「學習式機器手臂」。它會表明自己接收到的指令，對於指令感到不確定時，也會反應出來。經過一段失誤的過程，最終都能正確達成指令。機械的可能性既令人害怕，又讓人興奮。如果以長遠的角度來看待職涯，你要問自己一個棘手的問題：「在經過十年、二十年，或五十年之後，我的工作會被機器取代嗎？」

毫無疑問的是，機器變得愈發聰明了。舉例來說，電腦過去一直難以順利解碼人類的語言，因為其中包含太多的細微差別和模稜兩可。當我們說到「bat」這個字時，究竟指什麼，是飛來飛去的蝙蝠、還是棒球的球棒或板球的球拍，抑或眨眼這個動作呢？有演算軟體和高速伺服器的加持，IBM 的超級電腦「華生」，可以在幾秒內讀取數百萬個檔案，判讀我們說話的內容。與機器界中其他往例不同的是，華生是人類語言的專家，它能立即知道 bat 在不同語句中所表達的意思。2011 年時，華生擊敗了益智競賽「危險境地」(*Jeopardy!*)中兩名最厲害的選手。

時至今日，華生與人類在工作上可說是合作無間，橫跨多重領域。諸如在寶鹼和可口可樂等大廠的研發部門，協助發明新產品等。如同華生實驗室中的亞當・博格(Adam Bogue)所說：「這不僅關於人與機器，更關乎人與機器間所衍生的新共生關係。」華生也被應用於許多美國醫院，幫助腫瘤學家找出治療癌症的方法。它甚至被加入玩具恐龍中，讓孩子第一次與人工智慧交流，孩子可以問恐龍問題，華生會幫忙解答。

什麼是無可取代的能力

一份 BBC 最近的報導(2015 年 9 月)，將人與機器的爭議推上火線。「機器會在職場中取代人類，已經不再是個學術性議題。波士頓諮詢公司預測，直至 2025 年，世界上四分之一的工作會被智慧型軟體或機器人所取代。同時，牛津大學的研究顯示，英國現有的工作中，有 35% 會在未來二十年內，面臨被自動化取代的風險。」這則報導又針對牛津大學研究中所分析的 282

個工作，評估其被取代的風險。研究發現，最容易被取代的，本質上都是機械性與重複性高的工作。辦公室的文職，從事寫制式報告或是畫電子表格等工作，重複性都相當高，就很容易就會被軟體所替代。隨著機械操作的靈敏度逐漸發展，工廠工人的地位也受到動搖。「隨著先進的工業機器人具有更進步的智能，以及更協調的能力，可以自由運用機械手臂去操作並組裝物品，就能執行更廣泛且日益複雜的手動任務。然而，不規則的環境像是房屋清掃人員的工作，在可預見的未來仍非自動化所及的範圍[17]。」有趣的是，當計程車司機在抗議Uber來搶他們的飯碗時，他們真正的威脅，其實是無人車可能正在崛起。無人車並非即將問世，而是已在你我左右。幾個月前，一名男子開著他的特拉斯（Tesla）橫越美國，而90%的時間，他都讓車子保持在自動駕駛模式。上星期，我們週末搖滾樂團中的貝斯手，才以自動駕駛模式，開著他的特拉斯來參加團練。

如果重複性高及可程序化的工作需求正在下降，相對而言，需要動腦思考，並提出創新與原創想法的工作，即使自動化當前，人類都仍具有顯著的優勢。對於藝術家、設計師或工程師來說，這是個好消息。此外，根據報導指出，涉及高度社交智能和談判技巧的工作，像是管理職，受到機器取代的風險仍然極低。我很高興看到我所擔任的執行長職位只有 9% 的極低機率會被取代，當然，我並不想到 2035 年還在當執行長！

克萊爾・米勒（Claire Cain Miller）在《紐約時報》中寫道（2015 年 10 月 18 日）：「協作力、應變力和同理心，在現今工作中日益重要。根據新的研究顯示，從 1980 年算起，需要強大社交能力的工作，比其他類型的工作需求量成長許多。從 2000 年起，唯一薪資只升不降的工作，都需要認知與社交能力。在 1980 到 2012 年之間，需要社交能力的工作量，成長了 24%。重複性高的工作需求量，像是撿拾垃圾和某些分析工作，則正在逐年下降。這些發現解釋了經濟學家困惑已久的謎團。工作需求成長幅度漸漸減緩，甚至高技術性的工作也是。薪資受到大幅影響的工作，無非就是那些不需要社交能力的工作 [18]。」

那麼，機器的崛起又會對長遠的職涯規劃帶來什麼樣的影響？這個問題的答案其實很簡單：確保最終你的能力與機器可以做的有所區別，並能夠與機器互補。如果你正在做的是重覆性的計算、報告或執行，你應該感到擔憂；如果你正在追求高重複性及低社會投入的工作，你更應該惶恐不安。是該採取行動的時候了。如果

圖 14-1 人類與機器之擅長對照圖

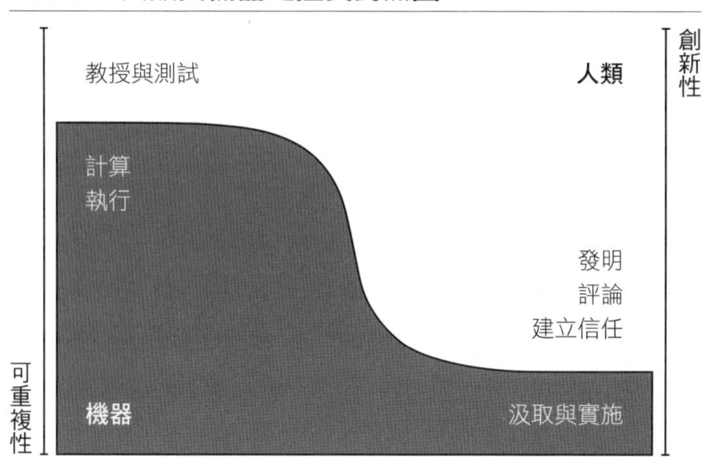

你不做些什麼，在未來的某一刻起，你將會被機器超越、替代，甚至邊緣化。

在拜訪了 IBM 華生研究中心後，我畫了一張圖表，來總結我所觀察到的一切，整理出人類所擅長的與機器所擅長的兩個類別。

簡單來說，我們可以將世界上所有的活動都劃分為「可重複性」與「創新性」兩類。可重複性的工作就像是大規模生產、程序性計算，以及其他機械性的任務，在上述這些領域中，機器擁有完全的優勢。比起人類，機器能做得更好、更準確、更快、更可靠，同時效率也高得多。反之，在創新性的領域中，人類則優於機器。我們擅長建構新的想法、排解歧異，更懂得建立人際之間的信任。有趣的是，人類與機器卻極需要有所互動，即使是在可重複性的工作中，人類的能力仍扮演著不可或缺的角色。人類要告訴機器如何運作、檢查機器的輸出、確保沒有瑕疵，並測試預設值的正確性。而在創新性的世界中，我們愈來愈能運用機器來協助創新的過程。作曲家運用軟體記下音符及升降調號以專注於創作的部分，省去額外的工作。現代編舞家可以透過 YouTube 搜索，來尋找歷史上最偉大的峇里島舞蹈範例，做為一支新編芭蕾舞的靈感。腫瘤學家可以啟動 IBM 華生來整理上萬筆資料，在診斷複雜的癌症時，縮小治療方案的可能範圍。我鼓勵大家到處看看，去找到屬於自己的歸屬，遠離極端的選項，就能遠離失敗的危險，除此之外，一路上還會發現許多很棒的職務。建立一套能力，能夠發明創新、判斷是非、建立信任與社會交流、教導機器，並創造與測試假設。

機器的崛起對於職涯的發展和教育也都有深刻的影響，我們學習機器不能與之匹敵的技能，要花上驚人的時間。麻省理工學院的經濟學家戴維・奥特（David Autor）說：「如果只是技術性的能力，就有極大的可能被自動化所取代。如果僅僅只有同理心、變通性，這樣的人比比皆是，公司不會願意提供高薪聘用。唯有兩者交互作用，才稱得上是優秀人才。克雷頓・克里斯汀生研究所（Clayton Christensen Institute）的共同創辦人麥可・宏恩（Michael Horn）也同意這樣的想法：「機器的進步讓一切都邁向自動化，所以擁有足以觸動人心的軟實力，便成為彌補機器的不足的關鍵，但我們的教育系統並非為了這樣的目標而設計。為了使學生能做好準備，面對工作方式的改變，學校的教學內容或許也需要跟著改變，但無可奈何的是，傳統教育中實在很少強調社交技能的重要性。」哈佛大學教育和經濟學副教授兼作家戴維・戴明（David Deming）觀察到，唯一與未來職場需求相應的教育系統，反而是幼兒園，這裡可以學習分享、談判、合作和創造，但隨著學生的成長，硬實力的建構便取而代之。「此時的工作生態卻變得愈來愈像幼兒園。」克萊爾寫道：「有天，幾乎所有的工作都會自動化，這項研究指出人類會沉浸在無休止的休閒時光中。所以與此同時，學生應該要為面對現實的職場做好準備。或許，中學和大學應該也要像幼兒園一樣，以學生是否與他人相處良好，做為評分的標準。」

創新創意電腦公司Kano以教育下一代為己任，讓他們能在機器的世界中自力更生。共同創辦人約納坦・弗里德曼（Yonatan Raz-Fridman）、亞歷克斯・克萊因（Alex Klein）和索爾・克萊因（Saul Klein），想為孩子開發一款電腦，這款電腦不僅能供所有年齡層的小孩使用，而且是他們自己動手組裝而成。索爾的六歲兒子彌迦（Micah）提出了一個意見，激勵了他的父母：「我會想要組裝自己的電腦，但前提是組裝這台電腦必須像玩樂高積木一樣簡單又好玩。」

所以，Kano 打造了一台電腦，讓六歲以上的孩童可以自行組裝、改造並設計程式。就如同約納坦所說：「六至八歲的孩子就可以打造出真正具有價值的東西。我們要讓世界充滿創造性人才、賦予微型創業家更多機會、解構我們現有的工具，然後利用這些工具再創造。」Kano 正試圖建立一個創造型企業家的世代，讓他們能夠再創機器，以免最終被機器取代。

毫無疑問，我們將來的工作和娛樂會有新形態，如果想要一窺未來工作和教育的樣貌，那就要特別關注馬修・布里默（Matthew Brimer），General Assembly 的共同創始人。General Assembly 是一個創新與破壞並重的教育機構，而他也是我去年夏天去參加一場舞會的原因，而且還是在早上！

在2015年8月的某個星期二，我在凌晨四點五十七分就起床了，並在六點前搭上了一艘停靠紐約港的郵輪。幾分鐘後，震耳的電音舞曲讓將近一千兩百個千禧世代早起的人陷入狂歡。而且，每隔一段時間就會送上滿滿的蔬果汁和蟋蟀粉所製成的能量棒。這場派對的主辦人馬修，在舞池被管樂隊和一堆身著蔬菜造型服裝的人群先後占據的當下，大玩人體衝浪，來慶祝他的二十九歲生日。不用說，做為一個終身夜貓族和肉食動物，這場活動完全打亂了我的步調，然而，這就是本場活動的重點。這場活動被稱為破曉行者（Daybreaker），由社會實驗者和企業家馬修共同創辦，以下是他的故事。

簡介：及時行樂

姓名：馬修・布里默

年齡：二十九歲

身分：General Assembly和破曉行者的共同創辦人

最佳落點：社群、教育與轉化

很少人能在校園翻修計劃中看到商機，但馬修總能看到其他人所看不到的潛在機會。

「我跟我室友在大一的時候，發現耶魯大學要翻修舊校舍，並以高額折扣將其中的骨董家具賣出。所以，我們走進倉庫去看看他們要賣的東西。我們用 50 美元買下了一個卡片目錄收納櫃，隨後再以 1,000 美元賣出。」他解釋道，新的商機就此誕生。當馬修和室友再次前往耶魯大學的倉庫時，他們開了自己的卡車去，並把倉庫中大部分的存貨橫掃一空。「我們租了一間倉庫來擺放這些東西，並且架設電子商務平台和 eBay 商店，開始將買來的東西陸續賣出。世界級教育機構的無價歷史是我們的賣點，我們甚至還在每一件運出的貨物上，都附上自己印製的真品保證書。」最終，耶魯大學的翻修計劃即將告一段落時，他們隨著貨源枯竭自然也要結束營業。但這是個很棒的經驗，讓他學到經營企業的所有細節，也學到了要如何把握機會。

在耶魯大學社會學系學習的過程中，馬修又開啟了新的事業，他稱之為 GoCrossCampus，這是一個社交遊戲平台，也是他希望在畢業後可以全職投入的工作。不幸的是，這個應用軟體的營運並不像他想像中那麼順利。馬修隨後開始從事自由業，在紐約接一些網頁設計的案子，進一步了解這類型工作的流程與細節。他注意到，科技開始改變大家的工作方式，特別是對他這個年紀的人影響最為明顯。「工作與生活並沒有什麼不同，為了賺錢而努力不是重點，而是工作本身就應該既快樂又有意義。」他解釋道。「這大大地改變了傳統的工作動力，」我們需要的是，幫助大家在生活與工作中有利用數位科技的能力和機會。

馬修又再一次看到了機會。「站在紐約科技的中心，讓我們能夠緊跟著最新的潮流動態，知道大家正在談些什麼，以及什麼才是時代所渴求的。我們開始四處與雇主交談，想要真正了解他們的需求及正在找尋的目標。」他與三個朋友共同創辦了 General Assembly，成為紐約創業生態系統的中樞。他們起先以提供新興的創業家合作共享的工作空間為主，但很快地就發展出一套教育模式。如同馬修所形容的:「我們專注於提供科技、設計和商業方面的轉型教育，讓世界各地的人有能力，能去追求他們所喜愛的工作。」General Assembly 提供日間、夜間，以及線上課程，包括從一小時半的簡易課程，到為期一星期的工作坊，再到三個月的密集訓練，讓大家學習如何轉換工作。

馬修的創業本質在很大程度上源自他在聖路易斯度過的童年。他的父母都是小型企業主，他們鼓勵馬修發揮創意，並找到屬於自己的人生道路。「在『創客』

（maker）成為術語之前，我們儼然已是一個創客家庭了。」馬修回憶當年。「我家的地下室有一間木工房，我還小的時候，我們總在那裡製作和設計東西。我的父母從來沒有為我安排特定的出路，但他們確實培養了我的創業精神。」

如今，General Assembly 已然成為全球企業，跨足四大洲十四個校區，包含雪梨、香港、新加坡和倫敦等地。自從 2011 年成立以來，馬修和他公司的共同創辦人已經集資了近一億美元，以繼續拓展業務。

馬修得到的最大回饋，就是聽學生述說自己如何應用在 General Assembly 學到的能力，去改善自己的生活。他說了一名傷殘退伍軍人的故事，他來自伊拉克，到 General Assembly 找尋新的開始。他運用 General Assembly 中的「機會基金」，這是一項專為弱勢族群提供經濟援助和指導的慈善獎學金計劃。他藉此完成了一個網頁發展計劃，並讓自己被聘用為軟體工程師。

馬修有空的時候，熱衷於參加一個一年一度在美國內華達州黑石沙漠舉辦的節慶活動：燃燒人（Burning Man）。儘管環境並不令人舒適，但每年幾乎都有 75,000 名愛好者慕名而來，創造一個充滿藝術、舞蹈和音樂的臨時城市。他注意到節慶文化有許多方面與他的朋友們的健康價值觀不符，特別是使用毒品、酒精，以及花天酒地的派對風格。他因此看見了另一個商機，創辦破曉行者的活動，這成為他最新的代表作，該活動結合了社會實驗、藝術計劃，以及派對狂歡。

破曉行者是從類似於燃燒人的節慶中獲得的靈感，以音樂、部落文化、人際連結、舞蹈和他人福祉為主軸，都是一些馬修認為對他們這一代來說愈來愈重要的元素。活動強調銳舞（rave）文化的藝術層面（像是 DJ 和舞蹈），以蔬果汁或冰沙，以及冷泡咖啡來取代飲酒。主辦單位以吟遊詩人、瑜珈老師和冥想會為號召。同時，正如活動名稱所意味的，這個活動會在大清早舉辦。這個活動專為早起工作的人而設計，讓他們能在舞池中盡情熱舞，以得到激發腦內啡的衝勁，來開啟美好的工作日。當天的活動算是大成功，第一場活動在早上六點開始前，就已經售出 150 張票，而且在此以後，參與人潮愈來愈多。就如同 General Assembly 一樣，馬修又再一次為體驗社區活動，創造出獨特的空間。破曉行者的活動已經在四個國家中的十個城市舉辦過，目前更計劃要前往更多熱門城市，像是杜拜和柏林。2016 年初，馬修擴大了破曉行者的概念，開創了新的想法，稱之為「薄暮行者」（Dusk）。第一場「薄暮行者」在紐約市的一間猶太教堂舉辦，吸引了超過800名來自不同宗教的年輕人前來參與，在傍晚時跳舞狂歡。

馬修將幫助周遭的人成功視為自己的成就。「每個人都是獨特的，他們都來自不同的背景，有不同的人生經歷。」他說。「這裡的宗旨就是要給予他人力量，讓他們勇於追求自己的目標、理想，以及熱情。」當我們想到華生和馬修所引領的未來時，更應該讓自己準備好，找出令自己滿意且活躍的工作，激發自己的情感、創意、協作能力與可信度，這些都是對未來的明智投資。

我會在何處與如何找到工作？

面臨新的教育與工作時代，我們每個人該如何適應？放眼十年、二十年、三十年後的未來，我會在哪裡、又是如何找到工作的呢？「數據導向的工作媒合」可以讓你獲得相應的答案。我們已經可以看到線上工作媒合網站在高速拓展，像是Indeed、巨獸公司（Monster.com）、Glassdoor和凱業必達（CareerBuilder）等。LinkedIn也成為全球人才的泉源，在兩百多個國家擁有超過四億名會員。就連線上交友「配對」，在我們的社會中也已經相當普遍了。Statistics Brain 的研究報告顯示，有超過 5,000 萬美國人嘗試過線上約會，交友網站 Match.com 也擁有超過 2,000 萬的會員[19]。

如果數位科技和數據已經可以公告上億個職缺，也讓數百萬人彼此聯絡感情，媒合工作的人才和獵人頭公司該何去何從？LinkedIn 的執行長傑夫・韋納（Jeff Weiner）想要在十年內設計一張全球「經濟圖」，目前也已經開始著手進行。他的目標是將世界上的所有工作、所需能力、適任的專家，以及他們正在任職的公司或非營利機構總結出來。LinkedIn 已經為搜索條件提供了更詳細的篩選機制（例如：「找到人在巴西，並有 Hadoop 軟體框架應用經驗的工程師。」），明確指出各個特定能力的供需熱點。最終目標是通過提高市場透明度，使世界經濟和就業市場達到更大的效益。在這個新時代裡，求職者能「挑選」自己的雇主，也更能選出適當的教育機構，幫求職者充實與自己切身相關、同時又是市場需求的能力。為了讓計劃更加完整，LinkedIn 最近也投資了 Lynda.com，因為該公司提供廣泛影片課程。LinkedIn 想要成為一套工具，能夠預測出追求升遷與工作者的下一步，並自動推薦 Lynda 的課程，以幫助使用者達成所求。

有了數據導向的媒合，教育機構更容易找到學生，並提供符合雇主需求的課程。同時，雇主可以獲得更深廣的人才庫，也更能在對的地方找到對的人才。在不久的將來，我們就能看到「預測職涯規劃」，像 LinkedIn 這樣巨大的人力集散地，就可以開始依照國家、產業，甚至是直至個人需求不同，來預測人力的供需情形。在這個未來世界中，事業心強的人若想把握職涯的命運，就需要有更牢靠的幫手。傾聽自己的心聲，保持對就業市場的敏銳度，就能成為能力與工作的聰明「買家」。

並不是所有人都認為世界已經準備好面對數據導向的就業市場。第三章曾提到過《EQ》（*Emotional Intelligence*）一書的作者高曼，在 2015 年 6 月，寫了一封公開信給 LinkedIn 的執行長韋納，以下是那封信的內容摘錄：

親愛的傑夫：

毫無疑問，LinkedIn 已成為世界上連結專業和建構人際網絡的最佳平台，但我看到讓它變得更好的方法。我的結論是：不只有證書和工作經驗要被考量，人格也應該被納入其中。

當然，LinkedIn 的個人簡介要強調的是專業成就，但一個人的專業知識、經驗和成就，僅僅是其中一個面向。嚴格說來，這些針對特定職位所需的能力，只能做為「門檻」而已，並不能代表你是個怎樣的人，光是這一點就足以讓情況大不相同。在人資的世界中，這便是所謂「與眾不同」的能力，能將人才與庸才區分開來，情緒智力也是其一，就是你如何處理自己與他人間的關係。你是否有自知之明？能否在危機當前，還保持冷靜與清晰的思路？是否能專注於長遠的目標？你是否能融入他人？是否會傾聽？有效溝通？協調合作？在情緒智力之外，你又是怎麼樣的一個人？你有誠信嗎？你有同情心嗎？這些人格都很重要。就如同福瑞德・科爾（Fred Kiel）所發現的，誠實和具同理心的人格特質較明顯的主管，業績往往比那些具有較少正面人格特質的還要多出五倍。

高曼也繼續建議，打造人格與情緒智力的相關活動（像是志願服務工作，可讓人願意付出關心、願意合作、承擔責任等），應該在 LinkedIn 的個人能力簡介中更被強調。我贊同高曼的說法，能力總覽清單上應該要包含人格和情緒智力等因素，才能使媒合更成功。終究，如同人與機器的議題，工作媒合的最佳可能，仍是數據導向與人性化的結合。人才數據庫會愈發嚴格地去鑑定、審查、篩選各項能力。至於怎樣的天賦才能真正激發最佳表現，仍需要聰明的人來做出明智的最終決定。

我該如何運用時間？

如同桑德堡在第六章所說：「時間是你人生中唯一擁有的貨幣。」時間究竟該如何運用？

我們當然還有很多時間可以運用，而這一點大大影響我們是如何看待工作。倫敦商學院教授琳達・葛瑞騰（Lynda Gratton），同時也是 Future of Work Initiative 的共同創辦人，她說：「當人類可以活上一百年，對工作會產生什麼樣的影響？這個問題看似在未來才會發生，卻會比你想像中的更快降臨。事實上，今天有 50% 在英國出生的新生兒，可以活到一百零三歲；在日本的新生兒更可以活到一百零七歲。時至今日，並不只有他們可以活到上百，如果你現在六十歲且沒有嚴重的健康問題，就很有可能一路活到一百了。不僅是社會中年紀較長的人發現，在過了傳統退休年紀後，很可能需要（或者渴望）繼續工作，各年齡層的人也都必須調整自己的計劃進程與工作形式，才能確保擁有合宜的能力和足夠的動力，以應付更漫長的職涯[20]。

毫無疑問的是，我們都要面對所謂的「長尾職涯」，也就是說，工作會延續至六十幾歲、七十幾歲，甚至是八十幾歲才會結束的情形。工作的性質和目標可能都會改變。傳統的職涯規劃，大多會鎖定到企業部門工作，然後「過著富足的生活」。然而在未來，我看到創業及自由業的選項大幅增加，工作的目標也變得愈來愈多元。在網路上銷售商品與服務，對許多處於職涯後期的人來說，已然成為普遍的收入來源，而這樣的情況將會只增不減。自由業在非典型工作經濟中迅速擴展，美國有 5,400 萬個自由工作者橫跨各個年齡層，其中超過一半的人是因為想工作而工作，而非受制於生活現實。科技與社交網絡的進步，讓找尋與從事自由業變得更加容易[21]。自由業可以成為未來「長尾職涯」的重要支柱，以專業換取收入，讓我們的專業能力有價，使我們與時俱進。相對而言，工時變得更有彈性，而工作往往也能遠距完成。當你不用只是五斗米折腰的時候，自由業為你提供有趣的工作與人際互動。我們應該認真思考自己的「長尾職涯」，以及在過了傳統退休年紀之後，該如何找到目標、如何適應、如何保持活力，以及如何獲得收入。

我會入不敷出嗎？

全球的老化人口退休後急需收入，成為迎面而來頭痛問題，其統計數字令人為之震驚：六十五歲美國人的平均資產約為 30 萬美元[22]。如果他們停止工作，並將其全數資產，預估所得的年收入將降到 2 萬美元以下。即使擁有 100 萬美元的退休存款，全數資產所得的年收入仍只有大約 5 萬美元[23]。更糟的是，我們不能再依賴傳統的退休收入來平衡收支，公司退休金和政府補助不再提供那麼多退路和支援。當利率很高時，我們可以將資產投資於可創造收入的債券，靠著利息快活過日子。而今，利率正值歷史新低點，短期內也不預期會有回升。所以，除非你能寄望於繼承財產、有意外收穫的投資收益，或者是中樂透，不然只能像大多數美國人一樣：在六十五歲後還是需要收入。對大多數人來說，這個收入來源，就是回歸工作。

怎樣的工作才能使我更開心？

如果注定要更努力工作、面對更長的工時、四處找尋收入來源，甚至與機器競爭，在未來的工作中，我們還有快樂可言嗎？就我的觀點來看，答案絕對是肯定的。這一切要從「什麼能使我們開心」討論起。關於這個議題有許多理論，但我偏好以下這一個。美國加州大學河濱分校的心理學教授，同時也是《這一生的幸福計劃：快樂也可以被管理，正向心理學權威讓你生活更快樂的十二個提案》（*The How of Happiness*）[24]的作者索妮亞・柳波莫斯基（Sonja Lyubomirsky），她是致力於研究幸福這門學問的學者，而我喜歡她的做法，因為她鼓勵我們去思考能改變什麼。書中提出了中心假設，以三個主要因素解釋我們的快樂程度：人類快樂與否，有50% 是先天決定的；有 10% 會受到生活環境影響；剩下的 40%，則受自發意圖的活動所左右。

1. 我們的基因設定值

書中寫道：「快樂就好像體重一樣，有設定值的先天差異。有的人得天獨厚，天生就有『瘦』的基因，即使他們絲毫不在意體重，體重也不會輕易增加。相較之下，有的人必須非常努力，才能將體重保持在理想範圍內，即使是一刻鬆懈，也會讓他們的體重再次飆升。」

所以，快樂設定值較低的人，要更努力才能保持快樂的心情；而設定值較高的人，在相同的情況下，很容易就能感到開心。

2. 生活環境

我們的生活環境包括收入在內，影響快樂的比重比我們想像中的少得多。一旦我們到達物質快樂的臨界點，像是獲得相當的財富與舒適的生活後，生活環境與快樂程度就沒有太大的關聯了。事實上，有的研究甚至顯示，極富有的人比一般人更感到焦慮。此外，也有證據顯示，提升生活水準，對於快樂與否並不會有持續性的影響。透過「享樂適應」（hedonistic adaptation）的過程，我們似乎會開始把所得當成理所當然，而不會像剛獲得時那樣，感到興高采烈。

3. 自發意圖的

剩下 40% 影響快樂的關鍵，在於我們的行為，也就是自願的、刻意採取的行動。這是她的理論核心：我們無法改變自己的基因設定值，但可以透過自發意圖的活動來提升和維持我們的快樂程度。她提到：「想當然爾，快樂的祕訣就在這 40% 之中。如果觀察真正幸福的人，我們會發現，他們不會坐著等待幸福來敲門，而是以行動讓理想成真。他們追求新的認知、尋求新的成就，並且掌握自己的想法和感受。總而言之，我們有意努力去完成的事情，對於我們快樂與否有著強大影響力，更勝我們的基因設定值與所在的生活環境。如果一個不快樂的人想要感受趣味、熱情、滿足、平靜和喜悅，可以學習快樂的人的習慣，藉以實現願望。

在本書中，概述了十幾個提升幸福感的策略，都有經過科學研究的證據證實。其中包括：

- 表達感激
- 培養樂觀的態度
- 避免想太多，少與他人比較
- 利他的行為
- 培養社交關係

- 制定應對策略
- 學會原諒他人
- 增進心流（Flow）經驗
- 品味生活樂趣
- 全心投入目標
- 信奉宗教與靈性
- 照顧自己的身體

我採取了其中三個策略，並將其應用於工作與整體職涯中。

1. 增進心流經驗

「心流」的概念最初是由米哈里・契克森米哈賴（Mihaly Csikszentmihalyi）所提出，他現任於克萊蒙研究大學（Claremont Graduate University），是心理學系的特聘教授。心流就是心理學中所謂的「最佳經驗」，作者將其解釋為「感到個人能力足以應付當前挑戰，注意力極為集中，完全不會為不相干的事而分心，也不會有任何憂慮，致使失去自我意識，或失去時間感。」處於「心流」狀態的人，被形容像是「行事天衣無縫、渾然天成、遊刃有餘，達到前所未有的流暢感。」

專家指出，心流是極為有益的狀態，我們應該積極尋求這樣的體驗。「在我們的研究中發現，所有處於心流狀態完成的行為，都有以下共通點：讓人感覺像是在探索未知領域，猶如將人傳送到新的世界一般，將人推向更高層次的表現，再將成果帶回尚未進入心流前的意識狀態中」。契克森米哈賴也同意：「為了要讓人時時保持在心流狀態，必須不斷以更多挑戰來測試自己的能耐、拓展自己的能力，並找尋新的機會加以應用。這十分美好，因為它意味著我們正在不斷努力、成長、學習，變得更有能力，更專業，同時也更複雜[25]。」

我們每個人都偶爾會經歷到珍貴的心流狀態。以我的經驗來看，當我們向客戶提出一個引人注目的新創意、或者贏得新的業務機會、或者是對上舉世最好的競爭對手時，心流就有可能會發生。我在台上講述我深愛的主題時，似乎就有經歷過心流狀態。當我參與搖滾樂團表演時，偶爾也會感受到心流的魔力。有時候，樂團成員間的頻率一致時，整個樂團就會有如乘風破浪的帆船。你何時會感覺到心流？什麼事情能讓你體會到極致享受？是什麼讓你無法自拔？參與什麼樣的活動會讓你感到時光飛逝？心流很棒，致力在職涯中追尋心流吧！

2. 全心投入目標

科學家聲稱，有明確的計劃實際上會讓你感到更快樂，因為這會對你應對職涯規劃產生很大的影響。停止憂慮、開始採取行動、把握你所能影響的事物。每年至少花一天的時間反省自己的表現，並想出因應之道。明辨是非、測試自己的假設、設立目標、持續蓄積新的動力、監控自己的進步幅度、永遠保持探索的態度、傾聽機會發出的聲音。為令人興奮卻又充滿不確定的未來做好準備，享受這一趟漫長旅程。

3. 表達感激之情

這本書寫到最後，我只剩感謝。根據研究顯示，表達感謝會讓我們的內心感到喜悅。幾年前，在經過兼容並蓄的漫長成功人生後，我的父親在八十七歲時邁向生命的終點[26]。我父親去世的前一星期，總喜歡將「感謝」掛在嘴邊，他感謝你來看他、感謝每一杯茶和水、感謝你演奏他最喜歡的曲子，也感謝你為他挪動枕頭。他為自己能表達謝意而感恩。

在工作中，我們都需要學會感謝。做為員工，我們要感謝給我們機會、加薪、升遷、工作以及成長機會的人，也應該感謝將智慧傳授給我們的人。做為雇主，一定要感謝為我們工作以及和我們並肩作戰的人，因為他們竭盡才能、經歷、熱情，還有技術，為了達成我們共同的目標而努力。

最後，我永遠感謝我曾經做過的每一份工作。

我做過的給薪工作以及我從中所學

我人生第一份工作是園丁　價值一美元

除雪承包商　加拿大只有冬天，沒有其他季節

窗戶清潔工　以工作內容，而非以工作時間計價

房屋油漆工　口碑推薦的力量

保母　責任

狗保母　如何應付過敏

高爾夫球童　客戶服務與耐力

棒球裁判　判斷力與如何應付在盛怒上的人

地毯推銷員　如何將產品捆在一起

上門推銷的業務員　克服被拒絕的恐懼

洗碗工　謙卑

調酒師　同理顧客

保險會計師　會計方法

市場研究人員　將數據納入考量

威士忌酒桶推銷員　打廣告其實也是工作的一種

行銷顧問　如何提出明確的建議

監考委員　服從也能賺到大把鈔票

大學講師　統計與人力資源

一家小公司的總裁　如何編列預算並償還銀行貸款

品牌經理　品牌不僅僅是產品

廣告部經理　與客戶維持緊密的關係

作者　嘴上說說不會變出一本書

樂團音樂家　吉他伴奏和賺不了錢的藍調口琴

致謝

這本書之所以得以完成，歸功於許多人的協助。

首先，我要感謝我的家人：我的妻子克里絲（Chris）、我的女兒克萊兒（Claire）和艾莉森（Alison）、我那住在蒙特婁的母親凱西・費思桐（Cathy Fetherstonhaugh）、我的兄弟羅布（Rob），以及我的姊妹凱薩琳（Catherine）。我的人生與寫書的過程中，他們傾注了愛與鼓勵，以及各式各樣的想法。克里絲付出的遠遠超過她該做的，她仔細閱讀並審核每份手稿中的每個字，讓這本書每經修正一次，都變得更好。我很遺憾我的父親無法目睹本書的問世，但我希望他正在天上的某處對著我點頭，而且還跟周遭那些完全不認識的人討論我的書。

我其實沒有真的計劃要寫一本書，但在這個過程一開始，受到某些人的啟發及善誘。作家拉哈芙・哈弗斯

（Rahaf Harfoush）慫恿我把我的建議寫下來，並踴躍地分享給別人。對我來說，她在我寫書的過程中是一個關鍵的調查員、採訪人、個人簡介寫手，以及顧問。

傑里米・卡茨（Jeremy Katz）協助我在《快速企業》（*Fast Company*）雜誌上發表了第一篇文章，後來成了這本書的雛形。洛琳・尚利（Lorraine Shanley）鼓勵我寫書，並將我介紹給了傳奇作家經紀人吉姆・萊文（Jim Levine）。

感謝整個 Diversion Books 團隊，有出版人雅伊梅・李維（Jaime Levine）、編輯蘭道爾・克雷斯（Randall Klein）、負責市場營銷的克里斯・馬翁（Chris Mahon）、負責設計的莎拉・馬斯特森哈雷（Sarah Masterson Hally），以及我們最初的聯絡人瑪莉・唐明斯（Mary Cummings）。

我非常感謝奧美團隊，其中有米什・弗萊徹（Mish Fletcher）、約瑟夫・諾斯卓（Joseph Nostro）、斯特凡・梅若琳（Stefan Mreczko）、肯・麥克維（Ken McVeagh），以及埃莉・漢森（Elli Hanson）高超的圖書設計。感謝奧美青年專業網絡（Ogilvy Young Professional Network）團隊，成員包括希林・梅（Shelin Mei）、凱西・路易斯（Casey Lewis）、夏洛特・斯拜雪爾（Charlotte Spatcher）、阿來西亞・莫拉萊斯（Alessia Morales），特別是精力充沛的丹尼爾・傑戴爾（Daniel Jeydel），他孜孜不倦地做研究、採訪，以及數位行銷。也要感謝蘇騰峰（John Seifert）、史考特・墨菲（Scott Murphy）、楊名皓（Miles Young）、岡瑟・舒馬赫（Gunther Schumacher）、盧・韋爾瑟諾（Lou Aversano），以及米特里・邁克斯（Dimitri Maex），這幾位同行給予了我不斷的支持。

在本書中我們面談、諮詢，以及介紹了許多人，如果沒有這些人的見識與智慧，這本書便不可能得以完成：

穆罕默德・阿舒爾（Mohammed Ashour）、依芙・勃遜（Yves Baudechon）、米萊娜・貝里（Milena Berry）、保羅・貝里（Paul Berry）、麥特・布倫伯格（Matt Blumberg）、馬特・布賴特費爾德（Matt Breitfelder）、馬修・布里默（Matthew Brimer）、吉姆・布恩（Jim Bunn）、蘇珊・坎恩（Susan Cain）、比爾・卡爾（Bill Carr）、艾麗娜・崔・斯特恩（Irena Choi Stern）、多莉・克拉克（Dorie Clark）、賈斯汀・克魯阿涅斯（Justin Cruanes）、威廉・福里斯特（William Forrester）、朱爾斯・戈達德（Dr. Jules

Goddard)、亞當・格蘭特(Adam M. Grant)、克里夫・格雷斯夫(Chris Graves)、羅拉・哈里森(Laura Harrison)、托德・赫爾曼(Todd Herman)、奧倫・霍夫曼(Auren Hoffman)、艾倫・休斯敦(Allan Houston)、羅伯・杰斯普拉姆西(Rob Jessup-Ramsey)、珍妮・凱斯汀(Janet Kestin)、薩肯・庫爾卡尼(Saken Kulkarni)、雪莉・拉撒路(Shelly Lazarus)、馬可・萊納夫(Mark Linaugh)、安德里亞・隆蓋拉(Andrea Longueira)、蘇珊・梅克丁傑(Susan Machtiger)、妮洛弗爾・麥錢特(Nilofer Merchant)、費利姆・麥格拉斯(Felim McGrath)、卡爾・穆爾(Dr. Karl Moore)、瑞秋・摩爾(Rachel S. Moore)、提姆・彭納(Tim Penner)、丹尼爾・品客(Daniel Pink)、蘇珊・派珀(Susan Piper)、戈登・波雷特尼克(Gordon Polatnick)、湯姆・銳斯(Tom Rath)、約納坦・拉茨・弗裏德曼(Yonathan Raz-Fridman)、查克・里斯(Chuck Reese)、琳達・羅賓遜(Linda Robinson)、安東尼・羅里葛茲(Anthony Rodriguez)、凱薩琳・萊恩(Kathleen Ryan)、史蒂芬・薩卡(Stephen Sacca)、阿爾瓦羅・塞拉列吉(Alvaro Saralegui)、詹恩馬丁・施瓦茨(Jann Martin Schwarz)、彼得・席姆斯(Peter

Sims)、蘇銘天(Sir Martin Sorrell)、羅里・薩瑟蘭(Rory Sutherland)、唐・泰普史考特(Don Tapscott)、琳達・特納(Linda Turner)、南希・馮克(Nancy Vonk)、亞歷克斯・懷特(Alex White)、大衛・威爾金斯(David Wilkin)、特拉西・沃斯滕克羅夫特(Tracy Wolstencroft),以及約翰・伍德(John Wood)。

對於我不小心漏記在清單上的人,我致上十二萬分的歉意。我同樣非常感謝各位!

最後,我想要感謝三個在我的職涯中影響甚巨的人。斯登德羅・皮利古依安(Tro Piliguian)是我在加拿大奧美還有後來到紐約奧美時的主管及導師。他給了我挑戰世界舞台的勇氣,並且總是透過一頓美味的義式料理和一杯美酒傳承他一生的智慧。傳奇人物史蒂夫・海登(Steve Hayden)是我在事業初期的創意夥伴,他告訴我好點子及卓越的才能,能帶來勢不可擋的威力。同時,我非常榮幸能與非凡的雪莉・拉撒路(Shelly Lazarus)共事超過二十年。雪莉一直以來都是一個領袖的典範,堅強、聰明、豁達、公平、溫暖,並且通情達理。

注釋

1. 2015年未來公司全球監測。
2. 2015年未來公司針對美國的調查，樣本數：1644（人）。
3. 詳見2014及2015年蓋洛普（Gallup）調查，以知當年退休趨勢。最近的數據與長期趨勢，請見Gallup.com。
4. 最新的消費者財務調查（根據2013年的統計）顯示，四十歲的資本淨值中位數爲38500美元。資本淨值的中位數高峰位在六十五歲，爲309000美元。
5. 詳見2014年9月9日的《商業內幕》（*Business Insider*）中，由理查德・費爾尼（Richard Feloni）所撰寫的〈在四十歲後活得高度成就的二十個人〉（*20 People Who Became Highly Successful After Age 40*）
6. 詳見Gallup.com。
7. 比爾在善念機構（Goodwill Industries）工作長達三十五年後退休。在2016年的春天，善念機構任命高斯蒂（Katy Gaul-Stigge）爲新任執行長。
8. 詳見羅伯・葛林的TedEx演講「改變自己的關鍵」（*The Key to Transforming Yourself*）於www.tedxtalks.ted.com/video/The-key-to-transforming-yoursel。
9. 詳見2012年11月13日富比士《*Forbes*》，由羅伯・葛林所撰寫的〈如何成爲任一技能的大師〉（*How to Become the Master of Any Skill*）
10. 更多關於哈林區爵士導覽的介紹，請見www.bigapplejazz.com。
11. 詳見安琪拉・李・達克沃斯（A. L. Duckworth）與其他人的作品。
12. 更多關於超過五十歲者的創業趨勢，請見企業管理局（Small Business Administration）以及AARP.com。
13. 2015年未來公司全球監測。
14. 2016年3月9日的《華爾街日報》（*Wall Street Journal*）中，由斯賓塞・斯圖亞特（Spencer Stuart）所撰寫的研究報告〈愈來愈多執行長職位由公司內部的候選人所拿下〉（*More CEO Jobs Go To Inside Candidates*）。
15. 詳見2013年7月22日《*The Roosevelts*》電子報，由傑夫・尼爾森（Jeff Nelson）所撰寫的〈最長的職業運動生涯〉（*The Longest Professional Sports Careers*）
16. 詳見2009年10月5日的《紐約時報》中，喬納森・艾布拉姆斯（Jonathan Abrams）所撰寫的〈N.B.A.選手重返大學之路〉（*N.B.A. Players Make*

Their Way Back to College）

17. 更多關於機器人及將被其取代的工作，詳見2015年11月11日BBC新聞網中〈機器人會取代你的工作嗎？〉（*Will a Robot Take Your Job?*）
18. 詳見克萊爾・該隱・米勒（Claire Cain Miller）在2015年10月8日《紐約時報》所撰寫的〈為什麼你在幼兒園中的所學對工作具有重大影響〉（*Why What You Learned in Preschool Is Crucial at Work*）一文。
19. 自2015年11月線上約會數據，取自Statisticsbrain.com。
20. 更多統計與趨勢，詳見琳達・葛瑞騰（Lynda Gratton）的網站The Future of Work (www.lyndagrattonfutureofwork.typepad.com)。
21. 市場研究公司愛德曼與博嵐（Edelman & Berland）於2015年10月針對自由業經濟所做的調查。
22. 根據2013年消費者財務調查顯示，資本淨值中位數為309000美元。
23. 根據2016年2月28日的美國貝萊德集團退休收益成本指數計算，309000美元為六十五歲人口的存款中位數，約可帶來每年15000美元的收入。而存款高達100萬美元的人，約可拿到每年48544美元的收入。
24. 詳見柳波莫斯基所創的「個人活動適性診斷」，可以幫你從十二個策略中，選出最適合你的方案。
25. 詳見edbatista.com，艾德・巴帝斯塔（Ed Batista）於2009年2月8日所發布的〈索妮亞・柳波莫斯基以及《這一生的幸福計劃》〉於www.edbatista.com/2009/02/happiness.html。
26. 我精心寫了一份訃聞，條列我父親的法學學位、擔任過的志工、事業上的成就等多項經驗。這樣的內容比當地的法語報紙所下的標題要好多了，他們僅用「出類拔萃」(l'avocat pour tout) 來形容他，但我認為他的偉大原超過這樣的隻字片語所能形容。

國家圖書館出版品預行編目（CIP）資料

人生的長尾效應：25、35、45 的生涯落點 / 費思桐（Brian Fetherstonhaugh）著；金瑄桓譯. -- 第一版. -- 臺北市：天下雜誌, 2017.12
面；　公分. --（天下財經）
譯自：The long view : career strategies to start strong, reach high, and go far
ISBN 978-986-398-295-1（平裝）

1. 生涯規劃 2. 職場成功法 3. 生活指導

494.35　　106018288

人生的長尾效應

25、35、45 的生涯落點

The long view: career strategies to start strong, reach high, and go far

作　　者／費思桐（Brian Fetherstonhaugh）
譯　　者／金瑄桓
責任編輯／張釋云、傅叔貞
封面設計／三人制創

發 行 人／殷允芃
出版一部總編輯／吳韻儀
出 版 者／天下雜誌股份有限公司
地　　址／台北市 104 南京東路二段 139 號 11 樓
讀者服務／（02）2662-0332　　傳真／（02）2662-6048
天下雜誌 GROUP 網址／ http://www.cw.com.tw
劃撥帳號／ 01895001 天下雜誌股份有限公司
法律顧問／台英國際商務法律事務所・羅明通律師
出版日期／ 2017 年 12 月 8 日第一版第一次印行
　　　　　2019 年 6 月 11 日第一版第五次印行
定　　價／ 350 元

書號：BCCF0342P
ISBN：978-986-398-295-1（平裝）

天下網路書店　http://www.cwbook.com.tw
天下雜誌出版部落格－我讀網　http://books.cw.com.tw
天下讀者俱樂部 Facebook　http://www.facebook.com/cwbookclub

天下雜誌
觀念領先